KATHRIN HARTMANN

DIE GRÜNE LÜGE

**WELTRETTUNG ALS PROFITABLES
GESCHÄFTSMODELL**

KATHRIN HARTMANN

DIE GRÜNE LÜGE

WELTRETTUNG ALS PROFITABLES GESCHÄFTSMODELL

BLESSING

Sollte diese Publikation Links auf Webseiten Dritter enthalten, so übernehmen wir für deren Inhalte keine Haftung, da wir uns diese nicht zu eigen machen, sondern lediglich auf deren Stand zum Zeitpunkt der Erstveröffentlichung verweisen.

klimaneutral
powered by ClimatePartner°

Druck | ID 12537-1707-1001

MIX
Papier aus verantwor-
tungsvollen Quellen
FSC® C083411

Verlagsgruppe Random House FSC® N001967

1. Auflage, 2018
Copyright © 2018 by Kathrin Hartmann
und Karl Blessing Verlag, München,
in der Verlagsgruppe Random House GmbH,
Neumarkter Str. 28, 81673 München
Umschlaggestaltung: Geviert Grafik & Typografie, München
Satz: Leingärtner, Nabburg
Druck und Einband: CPI books GmbH, Leck
Printed in the Czech Republic
ISBN: 978-3-89667-609-2

www.blessing-verlag.de

INHALTSVERZEICHNIS

Vorwort

Die Schminke spannte im Gesicht. Mein bester Anzug saß seltsam eng. Und die Krawatte schnürte mir den Hals zu. Schon gingen die grellen Scheinwerfer an! Als Filmemacher war ich zwar Fernsehstudios gewohnt, aber so unwohl wie zu Beginn dieser Livesendung hatte ich mich noch nie gefühlt.

»Kann man umweltfreundlich leben?«, war die zentrale Frage dieser spätabendlichen Ausgabe der legendären Diskussionsendung »Club 2« im Österreichischen Rundfunk, die anlässlich meines Films *Plastic Planet* im Oktober 2011 abgehalten wurde. In der Runde erkannte ich Vertreter der Industrie und ging davon aus, dass sie kein gutes Haar an meinem Film lassen und den Menschen vor den Bildschirmen erzählen wollten, dass Plastik keine Bedrohung für Mensch und Natur sei.

Aber da war auch Kathrin Hartmann.

Sie fühlte sich sichtlich wohler als ich, ja, sie war richtiggehend in ihrem Element! Damals wusste ich noch nicht, wie sehr Kathrin aufblüht, wenn sie mit Vertretern der Industrie diskutieren und ihnen die Realität entgegenschmettern kann. So habe ich sie kennengelernt. Ich hatte einen wunderbaren Abend und sah ihr begeistert zu, wie sie informativ und wortgewandt die untergriffigen und heimtückischen Statements der Geschäftsleute auseinandernahm und die Profitinteressen der umweltzerstörerischen Konzerne offenlegte.

Ein halbes Jahr später fragte ich sie, ob sie mit mir den Film *The Green Lie* machen wolle. Es erschien mir reizvoll, gemeinsam mit DER Expertin in Sachen Greenwashing die grünen Lügen der Konzerne filmisch darzustellen und aufzudecken. Wir entschieden uns für den Stil der Doppelconference im Film.

Kathrin nahm die Rolle der klugen und gebildeten Gesprächspartnerin ein, während ich den begriffsstutzigen Hedonisten verkörperte. Daran bin ich gewöhnt. Schließlich mache ich das in meinen Kinodokumentarfilmen oft. Kathrin fand sich auch schnell in ihre Rolle. Sie war einfach so, wie sie ist.

Ihre Gabe, aus ihrem reichhaltigen journalistischen Wissen zu schöpfen und spielerisch gedankliche Zusammenhänge zwischen Politik, Wirtschaft, Menschenrechten und Umweltschutz herzustellen, ist beeindruckend. Ich schätze ihre ehrlichen Bemühungen, Verbesserungen in der Gesellschaft und in unserem System herbeizuführen. Und es gibt noch etwas, was wir von Kathrin lernen können: Unerbittlich macht sie auf Ungerechtigkeiten aufmerksam, gibt uns aber auch gleichzeitig Mut und Hoffnung im Kampf für mehr Gerechtigkeit in der Zukunft, indem sie uns vor Augen führt, dass viele Menschen weltweit am gleichen Strang ziehen.

Wenn immer mehr Menschen die zerstörerischen Mechanismen der Konzerne und des deregulierten Kapitalismus verstehen, wird es uns vielleicht einmal gelingen, ein System zu schaffen, das keine grünen Lügen mehr braucht. Menschen, die im 18. und 19. Jahrhundert parlamentarische Demokratie und Wahlrecht für alle forderten, wurden damals auch als Träumer abgetan. Mittlerweile wird dieses Regierungssystem vielerorts geübt. Heute dürfen und müssen wir von einem demokratischen Weltwirtschaftssystem träumen, wenn wir das schützen möchten, was wir am meisten brauchen: das Recht der Menschen und die Rechte der Natur.

Ich schätze mich glücklich, Kathrin im Spannungsfeld mit den Konzernen als Mitstreiterin an unserer Seite zu haben, und wünsche diesem Buch sehr viele Leserinnen und Leser.

Werner Boote

Darum geht es bei guter Propaganda: einen Slogan zu erfinden, den niemand ablehnt und dem alle zustimmen werden. Zwar weiß keiner, was er bedeutet, weil er nämlich gar nichts bedeutet. Sein Wert besteht darin, die Aufmerksamkeit von der Frage abzulenken, die etwas bedeutet: Unterstützt ihr unsere Politik? Über jene soll man aber nicht sprechen.

Noam Chomsky[1]

»Es ist schwierig, jemanden dazu zu bringen, etwas zu verstehen, wenn er sein Gehalt dafür bekommt, dass er es nicht versteht.«

Upton Sinclair[2]

I. DES KAISERS GRÜNE KLEIDER

Warum grüne Fake News umso bereitwilliger geglaubt werden, je offensichtlicher sie sind

Doug Evans hatte nicht einfach nur eine findige Geschäftsidee. Nein: Er wollte »die Zukunft bauen«. Und sowieso »die Welt verändern«. Darunter geht es heute nicht mehr, wenn man übersättigten westlichen Konsumenten ein neues Produkt schmackhaft machen will. »Baue die Zukunft mit einem Ziel, das größer ist als du selbst und das so viele Leute wie nur möglich auf positive Weise erreicht«, sagt Evans in einem Werbespot. »*Ich* baue sie, weil die Menschen mehr Portionen Obst und Gemüse brauchen.«

Evans »Innovation« war, nun ja: Obst- und Gemüsesaft. Aber eben nicht irgendein Saft, nein: »Smart Juice«, also schlauer Saft. Und diesen schlauen Saft sollte ausschließlich der sogenannte Juicero bereitstellen, eine 400 Euro teure Saftpresse, die, man höre und staune: ans Internet angeschlossen werden sollte. Evans

Idee also: Diese Maschine presst Plastikbeutel aus, in denen sich zerschreddertes Obst und Gemüse befinden. Die Fünferpackung Plastikbeutel mit frischem Obst- und Gemüsematsch für 30 Dollar. Also sechs Dollar pro Glas und satte 180 Dollar im Monat – pro Person! –, will man jeden Tag frisch gepressten »Smart Juice« trinken. Aber, hey! dafür sammelt die Maschine Daten, um die perfekte Zusammenstellung der nächsten Lieferung garantieren zu können, und meldet, wann die Haltbarkeitsgrenze der Obst- und Gemüsebeutel überschritten ist. In Echtzeit! Vor allem aber ist der ganze Saft und alles »nach dem 4,5 Milliarden Jahre alten Originalrezept der Erde« hergestellt, also gentechnikfrei, ohne Zusatzstoffe, regional und saisonal geerntet bei Biobauern, die man selbstredend damit unterstützt. So viel Natur war nie. Alles nachzulesen auf der Homepage, wo im Eröffnungsvideo keimende Pflanzen, reifende Früchte und die obligatorische sich drehende Erdkugel gezeigt werden.

Ein schickes weißes Hightechgerät, das aussieht wie irgendwas von Apple (!), angefertigt von jemandem, der sich einmal als »Steve Jobs der Saftpressen« bezeichnet haben soll? Das könnte interessant sein für eine besser verdienende, urbane Käuferschicht, die technikbegeistert, anspruchsvoll, gesundheitsbewusst und auch ein bisschen öko ist, irgendwie, vor allem aber: ziemlich bequem.

So dachten sich das wohl die Investoren, als sie ihre Geldbeutel weit öffneten. Insgesamt soll Evans 120 Millionen Dollar eingesammelt haben, bevor der Juicero in Serie ging. Zu den Geldgebern gehörten unter anderem die Wagniskapitalfirma Kleiner Perkins Caufield & Byers, Google Ventures sowie Thrive Capital, die Investmentgesellschaft von Joshua Kushner, dem Bruder von Donald Trumps Schwiegersohn Jared Kushner. Ende 2016 kam das Luxusprodukt zum stolzen Preis von 699 Dollar auf den Markt, im Januar senkte Juiceros neuer Chef, Ex-Coca-Cola-Manager Jeff Dunn, den Preis auf 399 Dollar.

Dann entdeckte das Wirtschaftsmagazin *Bloomberg*, dass es keine teure Maschine brauchte, um die Beutel auszupressen (mit einer Kraft, die laut Evans reichen würde, um »zwei Teslas zu heben«). In einem Video führte *Bloomberg* vor, dass man den ganzen Inhalt der Plastikpackung einfach von Hand genauso fix ausquetschen konnte wie mit dem Juicero.[3] Das Video verbreitete sich in kürzester Zeit im Internet, und die Medien machten sich in hämischen Berichten über den »Saftladen« lustig. In einem Moment wurde aus Juiceros »Mission, Wohlbefinden in einem Glas« zu liefern, eine Lachnummer. Ein Computer, der Saftpäckchen ausquetscht und damit auch noch eine Menge Plastikmüll produziert: Was für ein Blödsinn. Als hätten sich das Satiriker ausgedacht. Nein wirklich, so was braucht kein Mensch.

Wie gut, dass man Nespresso-Kapseln nicht einfach mit der Hand auspressen kann! Die hatte sich, man ahnt es, Doug Evans nämlich zum Vorbild genommen. Obwohl es in seiner Idiotie dem Juicero in nichts nachsteht, wurde das Kapselkaffeesystem von Nestlé zum Welterfolg. Von 2006 bis heute hat sich die Menge der verkauften Kaffeekapseln von drei auf zehn Milliarden mehr als verdreifacht. Mit der Marke Nespresso erwirtschaftet Nestlé vier Prozent des Gesamtumsatzes von mehr als 80 Milliarden Euro. Nespresso generiert ein Viertel der Kaffeeverkäufe des größten Lebensmittelkonzerns der Welt.

In 400 Boutiquen rund um den Erdball kann man zwischen 24 verschiedenen Alu-Kapseln aus den »Gourmetfamilien«

»intensiv«, »ausgewogen« oder »fruchtig« wählen und dazu passende Accessoires kaufen. Zum Beispiel Espressotassen, die nach dem Vorbild der Kapseln geformt sind, und Behältnisse, in denen man die metallicbunten Kapseln schön präsentieren kann, bevor sie nach Gebrauch in den Müll fliegen.

Allein die leeren Alu-Kapseln von Nespresso ergeben jedes Jahr einen mindestens 8 000 Tonnen schweren Müllberg.

Dabei weiß wirklich jeder, dass die Herstellung von Aluminium eine einzige Umweltsauerei ist: Es wird aus dem Rohstoff Bauxit gewonnen, für dessen Abbau in Australien, Brasilien, Guinea und Indonesien gigantische Regenwaldflächen gerodet werden. Um daraus eine Tonne Aluminium herzustellen, braucht es so viel Strom, wie ein Zwei-Personen-Haushalt über fünf Jahre nutzt. Das setzt acht Tonnen CO_2 frei. Die Aluminiumproduktion hat einen Anteil von drei Prozent am globalen Stromverbrauch. Dafür werden monströse Staudämme und Wasserkraftwerke gebaut, die Indigenen das Land rauben. Der hoch umstrittene Belo-Monte-Staudamm im Amazonasgebiet von Brasilien zum Beispiel, für den bis zu 40 000 Indigene »umgesiedelt« werden sollen. Pro Tonne Aluminium fallen bis zu sechs Tonnen giftigen Rotschlamms an, der in offenen Becken gelagert wird. Immer wieder kommt es zu Dammbrüchen, dann überströmen die ätzenden Schlammmassen Dörfer und Felder, Schwermetalle wie Blei, Cadmium und Quecksilber vergiften Wasser und Böden und machen die Menschen krank.

So verändern Menschen mit findigen Geschäftsideen die Welt und bauen die Zukunft.

Alu-Müll als Entwicklungshilfe

Nespresso ist einer der teuersten Kaffees der Welt – ein Kilo Kapselkaffee kostet 80 Euro. Doch das hat seinen Grund, denn dafür gibt es ein weiteres Lifestyle-Accessoire gratis obendrauf: ein reines Ökogewissen. »Jede Tasse Kaffee hat einen positiven Einfluss«, heißt es auf der Homepage. »Bei Nespresso sind wir der Überzeugung, dass jede Tasse Kaffee nicht nur Genussmomente bereiten, sondern auch Gutes für die Umwelt und das Gemeinwohl bewirken kann.«[4] »The Posititive Cup« nennt sich Nespressos »Nachhaltigkeitsvision«. Und die sieht so aus: Bis 2020 wolle man Aluminium »verantwortungsvoll verwalten« und die »Rücknahmekapazität« auf 100 Prozent steigern. Tatsächlich braucht das Recycling von Aluminium nur fünf Prozent der Energie, die für dessen Herstellung aus Bauxit benötigt wird. Aber die umweltverträgliche Entsorgung überlässt Nespresso seinen Kunden: Die bittet das Unternehmen, die Kaffeekapseln in den Gelben Sack zu werfen, in die Gelbe Tonne oder sie in die Wertstoffsammlung zu geben. Nespresso zahlt dafür, dass die Kapseln im Dualen System recycelt werden. Wie viele aber dort landen statt schlicht im Hausmüll, weiß kein Mensch. Auch nicht, wie viel recyceltes Aluminium Nespresso überhaupt verwendet.

Nespresso will aber auch die »nachhaltige Aluminiumproduktion« vorantreiben – zusammen mit den größten Aluminiumproduzenten der Welt, Alcan, Norsk Hydra und Rio Tinto. Also ausgerechnet mit jenen Konzernen, denen Umweltzerstörung und Menschenrechtsverletzungen vorgeworfen werden. Die sind, wie auch Nespresso, vor allem an wachsenden Mengen interessiert: Alleine Rio Tinto steigerte seine Fördermenge Bauxit zwischen 2006 und 2014 von 16 Millionen auf satte 42 Millionen

Tonnen. Auch solche Ökogranaten wie Audi, BMW, Coca Cola und Jaguar gehören der Aluminium Stewardship Initiative an, die daran arbeitet, die Wertschöpfungskette von Aluminium zu zertifizieren. BMW, Nespresso und Rio Tinto sitzen sogar im Vorstand – neben dem unvermeidlichen WWF.

Die Schweizer NGO Solidar Swiss beklagt, dass der teuerste Kaffee der Welt nicht einmal fair gehandelt sei. Nespresso hat gegen solcherlei Bedenken ein Programm für »nachhaltigen Kaffee« aufgestellt. Mit der US-amerikanischen Organisation Rainforest Alliance, die problematische Produkte wie Bananen, Kaffee, Tee, Palmöl und Rindfleisch für problematische Firmen wie Chiquita, Dole, Lidl und McDonald's mit Unbedenklichkeits-siegeln versieht, hat Nespresso das Programm »Nespresso AAA Sustainable Quality« entwickelt. Dabei handelt es sich aber um weder biologisch angebauten noch fair gehandelten Kaffee – aber es klingt halt so ähnlich. Irgendwie gut. Jedenfalls strahlen die Kaffeebauern und ihre Familien auf den Fotos der Nes-presso-Homepage um die Wette.

Wäre es nicht eigentlich ökologisch und sozial gerecht gewesen, wenn Nespresso gar nicht erst auf den Markt gekommen wäre? Ja, na klar. Aber solche Fragen stellen sich in der nachhaltig zer-tifizierten, fortgeschrittenen Konsumgesellschaft nicht. Im Ge-genteil: Es geht eben darum, genau solche Widersprüche zu über-winden. Und so kommt es, dass ein überflüssiges, überteuertes Kaffeesystem, das eine Menge Müll produziert, Ressourcen ver-schwendet und Kleinbauern ausbeutet, nicht nur als ökologisch unbedenklich gelten kann. Sondern sogar als Wohltat für Mensch, Natur und Klima.

Nespresso ist kein bizarrer Einzelfall. Wer sich den Spaß erlaubt und bei Google »nachhaltig« eingibt, bekommt 16 Millionen Treffer. Das englische Wort »sustainable« hat sogar dreihundert Millionen Einträge. Wenn man ein bisschen in den Ergebnissen stöbert, also in Medienberichten, auf den Homepages von Konzernen und NGOs oder in den ungezählten Portalen für »ethischen Konsum« stellt man schnell fest: Alles, was einmal als schädlich und schändlich galt, dient heute der Weltrettung. Thunfischsteaks, dicke Autos, die Formel 1, Aktienfonds, Flugreisen, Pelzmäntel, Gemüse aus Südspanien, Pflanzensprit, Palmöl, gentechnisch verändertes Soja, Kohlekraft, Staudämme, Erdöl aus der Arktis – all das gibt es heute auch in »nachhaltig«, »grün« oder »verantwortungsvoll«.

Der Ölkonzern Shell wirbt mit Windrädern, der Getränkekonzern Coca Cola, der in armen Ländern ganze Brunnen bis zum Versiegen leer pumpt, stilisiert sich zum Schützer der Welttrinkwasserreserven. Monsanto betrachtet sein gentechnisch verändertes Saatgut samt der dazugehörigen giftigen Pestizide als Beitrag zur Hungerbekämpfung, obwohl es Böden und Bauern ruiniert. Der Chemiekonzern Henkel, der Seit' an Seit' mit den Energieriesen für den Erhalt von Atom- und Kohlekraft kämpfte, feiert seinen Klebstoff für Windturbinen als »wichtigen Beitrag für die Erneuerbare Energie«. Europas größter CO_2-Emittent, der Stromkonzern RWE, versteht seine Kohlemeiler als Artenschutz, weil an den Kühltürmen Vögel nisten. Paul Polman, Chef von Unilever, behauptet allen Ernstes: »Unilever ist die größte NGO der Welt.« Dabei verbraucht der Lebensmittelkonzern, der so unverzichtbare Dinge wie Tütensuppen und Soßenpulver herstellt, jedes Jahr acht Millionen Tonnen solcher Rohstoffe, die für die Hälfte der globalen Waldzerstörung verantwortlich sind: Rindfleisch, Soja und Palmöl. Und selbst die Waffenindustrie mordet umweltverträglich: Für Rheinmetall ist die »Bewahrung der natürlichen Lebensgrundlagen von elementarer Bedeutung«,[5] und die Krauss-Maffei Wegmann-Group legt »großen Wert auf Qualität und Nachhaltigkeit in ihren eigenen Wertschöpfungsprozessen«.[6]

Die überwältigende Ansammlung solcher guten Nachrichten macht immerhin ein gutes Gefühl: Jeder, so scheint es, kann bei der großen Weltrettung mitmachen, wenn er sich nur für das Produkt einer Firma entscheidet, die ebendas im Sinn hat. Und tut nicht schon jeder, was er kann? Ziehen nicht alle, Verbraucher, Industrie und Politik, »an einem Strang«? Gibt es nicht viele »Schritte in die richtige Richtung«? Geht es nicht voran?

Aber ja. Ziemlich schnell sogar. Denn jenseits der grünen Scheinwelt schreitet die globale Zerstörung rapide fort. Laut dem Global Foodprint Network lebt die Weltbevölkerung so, als hätte sie 1,6 Erden zur Verfügung. Würden alle auf der Welt so konsumieren wie wir in Deutschland, bräuchte es mehr als drei Erden, um den »Bedarf« zu decken. Das Global Foodprint Network berechnet jedes Jahr den sogenannten Earth Overshoot Day, den Erdüberlastungstag. Das ist jener Tag, an dem alle Ressourcen der Welt, die binnen eines Jahres klimaverträglich, ökologisch und sozial gerecht genutzt werden können, aufgebraucht sind und die Kapazität erschöpft ist, Müll und Treibhausgase aufzunehmen. Und der findet jedes Jahr früher statt: 2015 war er am 13. August, nur ein Jahr später, 2016, bereits am 8. August. 2017 am 2. August. Im Jahr 2000 war er noch am 8. Oktober.

Zwischen 1980 und 2010 hat sich der jährliche globale Verbrauch von Biomasse, mineralischen Rohstoffen und fossilen Brennstoffen von unter 40 auf 80 Milliarden Tonnen verdoppelt. Längst ist nicht mehr nur die Rede vom »Peak Oil«, jenem Zeitpunkt also, ab dem die Ölfördermengen nur noch abnehmen werden, sondern vom »Peak Everything«. Jede Minute wird Wald in der Ausdehnung von 36 Fußballfeldern zerstört. Bis zu 58 000 Tierarten verschwinden jedes Jahr. 24 Milliarden Tonnen fruchtbaren Bodens gehen jährlich verloren. Die Zahl der Hungernden ist sogar wieder auf 815 Millionen Menschen gestiegen. Zwei Milliarden leiden an Mangelernährung, obwohl so viele Lebensmittel wie nie zuvor in der Geschichte produziert werden. Die Kluft zwischen Arm und Reich wächst grotesk: Laut Oxfam besitzen acht Milliardäre zusammen genauso viel wie die ärmere Hälfte der Weltbevölkerung. 46 Millionen Menschen schuften heute als moderne Sklaven. Jeden Tag werden auf dieser Welt mindestens 3,5 Millionen Tonnen Müll produziert, 13 Millionen Tonnen Plastikmüll landen jedes Jahr im Meer. Auch der Ausstoß von Treibhausgasen steigt, obwohl die Welt von Konferenz zu Konferenz jettet und beteuert, das Klima retten zu wollen.

Nichts Neues? Weiß man eh? Natürlich ist das alles kein Geheimwissen. Schließlich waren die Möglichkeiten nie größer als heute, sich fundiert und auch aus erster Hand darüber zu informieren, was der überbordende westliche Lebensstil in den Ländern des Südens anrichtet. Dennoch gelingt es Konzernen hervorragend, ihr so schmutziges wie profitables Kerngeschäft unter einem grünen Mäntelchen zu verstecken. Mit dem Versprechen, sich selbst um die Probleme zu kümmern, die sie verursachen, halten sie sich die Politik vom Hals, die den Profit durch Auflagen und Gesetze einschränken könnte. Gleichzeitig verkaufen sie ihren Kunden den Mehrwert des guten Gewissens, damit diese weiter sorglos konsumieren können. Greenwashing nennt sich diese Strategie.

Von solchen grünen Lügen lebt ein weiterer Industriezweig ziemlich gut: Werbe-, PR- und Marketingagenturen, Risikomanager, Unternehmensberater, Siegelinitiativen, Zertifizierungsfirmen, Prüforganisationen, Kongress-, Messe- und Eventveranstalter, Trendforscher, Lifestyle- und Wirtschaftsmagazine, Entwickler von Apps für »ethische Konsumenten« und Blogs für »nachhaltigen Konsum«. Ganze Firmen – etwa das in 17 Ländern tätige Reputation Institute – sind mit nichts anderem beschäftigt, als Konzernen ein tadelloses Image zurechtzuzimmern.

Und das zahlt sich aus: Laut dem Bericht »The State of Sustainability Initiatives Review 2014: Standards and the Green Economy« des International Institute of Sustainable Developement haben Produkte mit grüner Zertifizierung insgesamt einen Handelswert von 31,6 Milliarden Dollar.

Nun ist es das eine, dass Unternehmen Lügen verbreiten, um ihre Produkte zu verkaufen. Man nennt das Werbung. Niemand glaubt ja ernsthaft, dass Schokolade gesund ist, Duschgel unwiderstehlich macht oder die Reichen in ihren Villen billigen Tankstellensekt trinken. Doch ausgerechnet Greenwashing hält jedweder Aufklärung stand und trotzt den Fakten. Je offensichtlicher und durchschaubarer grüne Lügen sind, je schädlicher das Produkt und die dafür verwendeten Rohstoffe und je absurder das daran geknüpfte Ökoversprechen ist, desto eher wird alles geglaubt. Und zwar ausgerechnet von jener Zielgruppe, die als besonders gebildet gilt.

George Clooney, dunkelgrauer Anzug, schwarzes Hemd, sitzt auf einem braunen Ledersofa. Auf der Lehne steht ein gläsernes Tässchen Espresso. Der Hollywoodstar ist schon seit vielen Jahren

Testimonial von Nespresso. In der Werbung tritt er so charmant und selbstironisch auf, wie man ihn aus seinen Filmen kennt. Aus den originellen Spots sind mittlerweile aufwändig produzierte Kurzfilme geworden, in denen auch Feuilleton-Lieblinge wie Jack Black, Danny DeVito, John Malkovich, Matt Damon, John Dujardin und Ian McShane mitspielen. Auf dem Werbesofa jedoch gibt sich Clooney vollkommen unironisch: »Das Nachhaltigkeitsprogramm von Nespresso übertrifft niemand, keiner auf der ganzen Welt macht das so, wie die das machen«, sagt er und schaut treuherzig in die Kamera. In einem Filmchen sieht man dann, wie der Hollywoodstar umringt von Bauern in Costa Rica ein Kaffeebäumchen pflanzt. »Sie kümmern sich darum, dass all diese Leute versorgt sind, dass sie die Möglichkeit bekommen, ein großartiges Produkt herzustellen und besser bezahlt zu werden. Ich könnte nicht stolzer sein, Teil dieser Firma zu sein.«[7] Es passt ganz gut, dass der Millionär auch als Menschenfreund bekannt ist. Er war UN-Botschafter des Friedens, ist mit der Menschenrechtsanwältin Amal Ramzi Alamuddin verheiratet und hat sich für die Unabhängigkeit des Südsudan engagiert. Das jüngste Land der Welt liegt jetzt allerdings wirtschaftlich am Boden, nach wie vor herrscht Bürgerkrieg, es ist gezeichnet von Hunger, nacktem Elend und Verzweiflung. Dort will Nespresso also »2 000 Kaffeebauern aus der Armut befreien« und hat 2,2 Millionen Dollar – einen Bruchteil der 26 Millionen Dollar, die Clooney für seine Werbeauftritte bekommen haben soll – in den Aufbau von Kaffeekooperativen investiert. So gerät jede Müll produzierende Tasse Kapselkaffee zur individuellen Entwicklungshilfe und der umstrittenste Lebensmittelkonzern der Welt zur Menschenrechtsorganisation. *What else?* Seit gut vier Jahrzehnten gilt Nestlé als der Gottseibeiuns unter den Großkonzernen. NGOs und kirchliche Organisationen rufen seit den siebziger Jahren zu Konsumboykotten auf. Dem Schweizer Multi wird bis heute aggressive Vermarktung von Babymilchprodukten in sogenannten Entwicklungsländern, Wasserraub sowie Ausbeutung und Kinderarbeit auf Kaffee- und Kakaoplantagen vorgeworfen sowie die Verwicklung in die Ermordung des kolumbianischen Gewerkschafters Luciano Romero.[8] Auch das großherzige Engagement im Südsudan verblasst ein wenig, wenn man weiß, dass Nespressos südsudanesische Kaffeebauern nur zwei Dollar pro Kilo Exportkaffee bekommen. Das liegt unter dem Weltmarktpreis für Kaffee der vergangenen drei Jahre. Davon kann keine Familie leben. Die Lebensmittelpreise sind hoch, das Land ist auf Importe angewiesen, weil das fruchtbare Ackerland brachliegt. Viel wichtiger wäre es, die Bauern könnten für ihre Selbstversorgung Nahrung anbauen. Stattdessen sind sie davon abhängig, dass ihnen der größte Lebensmittelkonzern der Welt Rohware zu Billigpreisen abnimmt.[9]

Besucht man jedoch die Homepage des Konzerns, meint man, sich auf die der Vereinten Nationen verirrt zu haben: Mit 42 verschiedenen Selbstverpflichtungen wolle Nestlé 50 Millionen Kindern helfen, ein besseres Lebens zu führen, und die Existenzgrundlage von 30 Millionen Menschen in Gemeinden verbessern, die mit Nestlés Business verknüpft seien. Darüber hinaus strebe man an, null (!) Umweltschaden anzurichten. Damit würde sich (wie ich später erläutern werde) die Verwendung von Palmöl komplett verbieten. Aber die schönen Versprechen auf der Homepage sind mit Piktogrammen auf bunten Quadraten verziert, ganz so, wie die UN ihre 17 Nachhaltigen Entwicklungsziele (Sustainable Developement Goals) wiederum auf ihrer Seite darstellt. Trotz seines Kerngeschäfts, das weltweit zu Armut,

Ausbeutung und Umweltzerstörung beiträgt, erklärt sich der Nestlé-Konzern im Brustton der Überzeugung zum Stützpfeiler der UN-Entwicklungsagenda. Noch schlimmer ist nur, dass die Vereinten Nationen Multis wie Nestlé, Unilever, Bayer und Novartis an der Ausarbeitung dieser Agenda beteiligt hatten.

Auf verstörende Art und Weise haben sich Großkonzerne der Bilder und Begriffe der Umweltbewegung bemächtigt. Sie benutzen die Zerstörung, die sie selbst anrichten, dazu, sich als Retter zu inszenieren. Es ist ihnen sogar gelungen, NGOs vor ihren Karren zu spannen und Politiker im Namen der Nachhaltigkeit zu Verwaltern von Konzerninteressen zu machen. Der Bürger indes scheint sich mit seiner ökonomischen Rolle als Verbraucher abgefunden zu haben, hat politisches Engagement durch »ethischen Konsum« ersetzt und verbraucht munter weiter. Und selbst in der Theorie, im medialen Diskurs, konkurriert heute jede negative Kritik an Konsum und Konzernen mit »Verbrauchermagazinen«, die lieber Einkaufstipps geben, als die Konsumlaune zu verhageln. Nicht die Firmen, so scheint es, müssen sich mehr für ihre Zerstörung rechtfertigen – sondern ihre Kritiker für die Kritik daran.

»Wenn ich Ihnen sage: ›Der Himmel ist grün‹, dann ist das gar nicht so sehr mein Ziel, dass Sie mir auf Anhieb glauben. Mein Ziel ist vielmehr, so häufig zu behaupten, dass der Himmel grün sei, bis Ihre Ressourcen, den Widerspruch auszuhalten, erschöpft sind und Sie einlenken und sagen: ›Das ist Ihre Meinung. Ich denke, der Himmel ist blau. Es gibt wohl keine Möglichkeit, die Farbe des Himmels objektiv festzustellen.‹ So legitimiert man das offensichtlich Falsche«, schrieb die Psychologin und ehemalige Bundesvorsitzende der Piratenpartei, Marina Weisband, in der *Zeit* über die Kommunikationsmethoden des US-Präsidenten Donald Trump. »Das Ziel offensichtlicher Lügen ist der Beweis der Machtlosigkeit der Wahrheit; die Verschiebung des Diskurses, sodass plötzlich alles in infrage gestellt wird.«

Nicht anders als Trump haben Konzerne mit ihren grünen Fake News heute eine zweite Realität geschaffen, in der die Wahrheit infrage gestellt wird. So haben sie es geschafft, dass die scheinbar letzte Hoffnung von Gesellschaft und Politik auf Weltrettung die ist, dass sich Konzerne »zum Guten« wandeln.

Wenn sich »die Großen« nur ein bisschen »verbessern«, habe das weitreichende positive Folgen, so die gleichermaßen absurde wie naive Theorie. Diese blendet aus, welche Strukturen zu all den Problemen führen. Denn im globalen Kapitalismus sind Ausbeutung, Menschenrechtsverletzungen, Klimaschäden und Naturzerstörung selbstverständlich keine vermeidbaren Kollateralschäden. Auf ihnen gründet der Profit. Je weniger Rücksicht Konzerne auf Arbeits-, Land- und Menschenrechte (oder gar Umweltgesetze) nehmen müssen, desto besser fürs Geschäft. Eigentlich ist es ja ganz einfach: Könnten Unternehmen mit ökologisch und sozial gerechtem Wirtschaften tatsächlich Profit machen – warum sollten sie etwas anderes tun?

Darum ist es wesentlich fürs Image, dass Konzerne die von ihnen selbst verursachten Probleme wie eine Bedrohung von außen erscheinen lassen. So wähnt sich etwa Nestlé »im Kampf« gegen Armut, Kinderarbeit und Klimawandel. Als wären dies rätselhafte und unabwendbare Naturkatastrophen und nicht etwa logische Folgen des Geschäftsgebarens des mächtigsten und reichsten Lebensmittelkonzerns der Welt. »Die Probleme erscheinen deswegen nicht als das Ergebnis des Systems, eines Ungleichgewichts von Macht, einflussreichen Netzwerken der Kontrolle, zügelloser Ungerechtigkeit oder von fatalen Fehlern, die diesem System eingeschrieben sind – stattdessen wird ein Außenseiter verantwortlich gemacht«, schreibt der Geograf Erik Swyngedouw. In seinem Essay *Apocalypse forever?* beschreibt der Professor der Universität Manchester am Beispiel des Klimawandels, wie Politik und Wirtschaft derartige Bedrohungen als Apokalypse inszenieren und entpolitisieren. Damit wurden strukturelle Ursachen ausgeblendet: nämlich der Kapitalismus, der mit seinem Wachstumsdiktat, dem Rohstoffhunger und seinen mächtigen Konzernen fortwährend Ungerechtigkeit und Zerstörung produziere. Stattdessen wurden Probleme wie ein Feind von außen behandelt, den man nur von innen heraus, mit den Mitteln des Kapitalismus, bekämpfen könne. »Mit anderen Worten: Wir müssen uns radikal ändern, aber im Rahmen der bestehenden Umstände, sodass sich nichts wirklich ändern muss«, schreibt Swyngedouw.

Psychologisch gesprochen: Die Probleme werden externalisiert, eine Abspaltung wird eingeleitet – bis zur Verdrängung ist es nur noch ein winziger Schritt. Greenwashing funktioniert auch deshalb so gut, weil Angehörige westlicher Konsumgesellschaften gerne hören, dass alles so weitergehen kann wie bisher, ja, dass ihr überbordender Lebensstil selbst es sein könnte, der dafür sorgt, die Welt besser zu machen. »Wouldn't change a thing.« Sagt doch auch George Clooney im Nespresso-Spot.

»In unerträglichen Verhältnissen zu leben, darin permanent unerträgliche Effekte zu produzieren und es sich trotzdem schönzureden« – diese »intelligente Form des Selbstbetrugs« ist einer der Mechanismen, die der Externalisierungsgesellschaft eingeschrieben sind. Mit diesem Begriff beschreibt Stephan Lessenich,

Professor für Soziologie an der Ludwig-Maximilian-Universität in München, in seinem Buch *Neben uns die Sintflut,* wie der westliche Wohlstand grundsätzlich auf Rechnung der Länder des Südens gehe, weil die ökologischen und sozialen Kosten von Wirtschaftswachstum und Konsum systematisch dorthin abgewälzt würden.[10] Mit anderen Worten: »Wir leben nicht über unsere Verhältnisse, wir leben über die Verhältnisse anderer. Uns im Westen geht es gut, weil es den Menschen anderswo schlecht geht. Wir lagern Armut und Ungerechtigkeit aus, im kleinen wie im großen Maßstab.« Alle wissen das. Im Prinzip. Doch das System, sagt der Soziologe, »macht jeden, der sich in unserem Alltag bewegt, zwangsläufig zum Mittäter«. Dieser Gedanke ist schwer zu ertragen. Um die Abhängigkeits- und Ausbeutungsverhältnisse zu ändern, bräuchte es aber einen kollektiven Aufstand gegen das System, auf den wiederum eine radikale Änderung der Lebensweise des Westens folgen müsste. Stattdessen haben wir es, so Lessenich mit einer »kollektiven Umdeutungstheorie« zu tun, einem »verallgemeinerten Nicht-Wissen-Wollen«, gespeist aus einer »unbestimmten Mischung aus Bequemlichkeit, Unwohlsein, Sorglosigkeit und Überforderung, Gleichgültigkeit und Angst«.

Autofahren für den Klimaschutz

Es ist diese besonders perfide Form der Antiaufklärung, die die Externalisierungsgesellschaft nicht nur am Laufen hält, sondern sie auch noch als »richtige« Lebensweise legitimiert. Vor ein paar Jahren, 2010, hatte ich Gerhard Prätorius interviewt, den Leiter der Nachhaltigkeitsabteilung bei Volkswagen. Damals hatte der Konzern in seinem Nachhaltigkeitsbericht angekündigt, bis 2018 weltweit »ökonomisch und ökologisch Nummer eins« sein zu wollen. Mehr Autos zu verkaufen und gleichzeitig Ökoprimus werden zu wollen – ein unlösbarer Konflikt. Danach befragt antwortete jedoch Prätorius: »Mobilität ist ein wichtiger Wachstumsmotor. Erst wenn es ein bestimmtes ökonomisches Niveau gibt, sind die Leute sensibilisiert und bereit, den Umweltschutz im eigenen Verhalten umzusetzen. Und deswegen halte ich es für so wichtig, dass wir genau diese ökonomischen Impulse setzen. Andernfalls fürchte ich, werden die Emissionen viel drastischer werden.« Auto fahren für den Klimaschutz? Wirklich?

Tatsächlich denken laut einer Umfrage des Bundesverbands der Verbraucherzentralen 2010 elf Prozent der Befragten bei dem Wort »klimafreundlich« an neue Autos. Schließlich besitzen in keinem anderen europäischen Land so viele Menschen eines: auf 1 000 Einwohner kommen 530 PKWs. Jeder fünfte neu angemeldete Wagen ist ein SUV: Die durchschnittliche Motorleistung der in Deutschland verkauften Neuwagen ist zwischen 1995 und 2014 von 95 auf 140 PS gestiegen.[11]

Und hat es die Autofahrernation und das Wirtschaftswunderkind Deutschland etwa nicht trotzdem geschafft, bei wachsendem Wohlstand dafür zu sorgen, dass der Wald nicht stirbt, die Flüsse sauber sind und der Himmel blau? »Der blaue Himmel über den Konsumzentren dieser Welt verdankt sich zu nicht unwesentlichen Teilen der Externalisierung der ökologischen Kosten in die Peripherie derselben«, schreibt Lessenich, »letztlich profitieren die reichen Gesellschaften also auch noch von dem geringeren ökologischen Fußabdruck, den das von ihnen dominierte System des ungleichen Tausches den armen Nationen beschert.«

2009 erschien mein erstes Buch *Ende der Märchenstunde*. Darin habe ich die Idee der sogenannten Konsumentendemokratie kritisiert, nach der es nicht mehr der Bürger ist, der gegen Missstände protestiert und Widerstand leistet, sondern der Konsument, der mit der Wahl seiner Produkte an der Supermarktkasse »abstimmt«. Wenn nur genügend Menschen ethisch korrekte Produkte kaufen würden, so heißt es noch heute, würden die Unternehmen umdenken und nur noch solche Dinge herstellen. Und nun? Zwar haben die Unternehmen den Kunden packungsweise Moral ins Supermarktregal gestellt – an den Weltverhältnissen hat das allerdings nichts verändert.

Im April 2010, ein halbes Jahr nachdem mein Buch erschienen ist, explodierte im Golf von Mexiko die von BP beauftragte Ölplattform Deepwater Horizon. Millionen Liter Öl flossen ins Meer. Dabei hatte der britische Ölkonzern in seiner Imagekampagne versprochen, verstärkt in erneuerbare Energien »Beyond Petroleum« zu investieren. Drei Jahre später, im April 2013, stürzte das Gebäude Rana Plaza nahe Bangladeschs Hauptstadt Dhaka ein. Auf dem Ground Zero der Textilindustrie wurden 1138 Menschen getötet und mehr als 2500 verletzt. Dabei bewarben zur gleichen Zeit alle westlichen Kleiderfirmen, die dort zu Hungerlöhnen nähen ließen, ihre freiwilligen Selbstverpflichtungen und Sozialstandards. Und hinter den hübschen Umweltschutzprojekten mit dem Naturschutzbund (Nabu) und Baumpflanzaktionen mit der Kinder-NGO Plant for the Planet taten kriminelle Manager der Volkswagen AG beim größten Abgasskandal der Geschichte mit. Entsetzen und moralische Empörung waren jeweils groß. Aber all diese Skandale und Katastrophen waren weder tragische Zufälle noch Ergebnisse individueller moralischer Verfehlungen, sondern logische Konsequenz im kapitalistischen System des »billig produzieren/teuer verkaufen«. Deswegen hat sich auch nach diesen Katastrophen nichts verändert, im Gegenteil: Die technischen Verfahren zur Gewinnung von Erdöl sind noch riskanter geworden, und Ölkonzerne weichen in immer abgelegenere, schwierigere Gebiete aus. Auch nach dem Einsturz von Rana Plaza hat sich die globale Textilindustrie nicht gebessert. So, wie es aussieht, werden der Autoindustrie trotz Abgasaffäre keine höheren Auflagen oder niedrigere Abgasgrenzen zugemutet. Und man darf damit rechnen, dass die Politik trotz Kartellbildung und illegaler Absprachen weiterhin ihre schützende Hand über die deutsche Autoindustrie hält.

Vielleicht ist die ubiquitär behauptete Nachhaltigkeit ja gar keine Lüge. Sondern nur ein hübscheres Wort für Systemerhalt. *Wouldn't change a thing.* Wollen wir das? Sind wir tatsächlich so zynisch geworden, dass wir uns mit dem Weltelend abgefunden haben und lieber blinde Besitzstandswahrung betreiben? Sind wir so naiv zu glauben, ausgerechnet Großkonzerne, die mit ihren Lobbyisten jedwede Regulierung verhindern, hätten nichts anderes als Weltrettung im Sinn?

Dieses Buch ist aus den Dreharbeiten zum Film *The Green Lie* entstanden, den der österreichische Regisseur Werner Boote *(Plastic Planet)* und ich gedreht haben. Gemeinsam haben wir die Welt abgesucht nach den Wohltaten von Unternehmen. Gefunden haben wir auf unseren Reisen vieles. Gewalt und Zerstörung, aber auch Hoffnung, Mut und Widerstand. Haben wir auch Beispiele entdecken können, dass Konzerne ihre grünen Versprechen wahr gemacht hätten?

»Let's drill, baby, drill, not stall, baby, stall – you betcha!«

Sarah Palin, republikanische US-Politikerin[12]

II. NACHHALTIGE KATASTROPHE

Wie BP die größte Ölpest aller Zeiten im Meer versteckte

Die Abendsonne erleuchtet die pastellfarbenen Holzhäuser, die auf Stelzen über dem Strand stehen. Pelikane schweben in Formation über eine goldene Welle, leise hört man das Summen ihres Flügelschlags. Ein Delfin hüpft dem roten Feuerball entgegen, der jeden Moment in den Golf von Mexiko zu plumpsen scheint. Aber für dieses Naturschauspiel hat Scott Porter gerade gar keinen Sinn. Vielleicht weil kaum einer so gut weiß wie er, dass diese Idylle trügt. Folgt man seinem Blick, erkennt man weit hinten am Horizont eine Reihe von Giganten im Meer stehen: Ölbohrplattformen.

Wir sind auf Grand Isle, einer Insel im Golf von Mexiko, 170 Kilometer südlich von New Orleans. Porter hält eine Lampe in den Händen. Unter dem Arm trägt er eine Kiste, darin einige in Alufolie eingewickelte Objekte. Aus seiner Jackentasche lugen Schutzhandschuhe. »Da vorn, ein kleines Stück rechts vom Steg«, sagt er und stapft voran zum Wasser. Dunkel heben sich hier schwarze Klumpen vom hellen Sand ab, wie verkohlte Holzstücke sehen manche aus, manche wie geschmolzene Autoreifen. Ich bücke mich nach einem großen Exemplar. »Nicht anfassen!«, ruft Scott Porter. Erst als ich Handschuhe angezogen habe, darf ich den Klumpen aufheben. Er fühlt sich an wie Gummi und riecht seltsam. Porter schiebt mich sanft zur Seite. Unter meinen Füßen liegt ein weiterer schwarzer Brocken. »Das sind Teerklumpen. Hochgefährlich. In ihnen versteckt sich Vibrio Vulnificus, ein fleischfressendes Bakterium. Wenn das in den Körper gelangt, kann man davon eine Blutvergiftung bekommen, die so aggressiv ist, dass man Arme oder Beine amputieren lassen muss. Oder daran stirbt.«

Die schwarzen Teerklumpen, die hier im Süden des US-Bundesstaates Louisiana, Tag für Tag an den Strand gespült werden, sind lediglich die sichtbaren Überbleibsel der schlimmsten Ölpest in der Geschichte und der wohl verheerendsten Umweltkatastrophe in den Vereinigten Staaten.

Am 20. April 2010 explodierte rund 70 Kilometer von der Küste entfernt im Golf von Mexiko die Ölbohrplattform Deepwater Horizon. Elf Arbeiter kamen ums Leben. Binnen weniger Tage wuchs der Ölteppich rund um die Plattform auf die Größe der Insel Hawaii heran. Weil es BP über 87 Tage nicht gelang, das Bohrloch im Macondo-Ölfeld eineinhalb Kilometer unter der Meeresoberfläche zu schließen, strömten 780 Millionen Liter Öl in den Golf von Mexiko – fast zwanzig Mal so viel wie bei der Havarie des Öltankers Exxon Valdez 1989. Damals hatte das Öl rund 2000 Kilometer der Küste von Alaska verseucht und eine Viertelmillion Seevögel umgebracht. Fast dreißig Jahre später sind die sozialen und ökologischen Auswirkungen dort immer noch zu spüren: Trotz intensiver Reinigung finden sich Reste von Öl.

Im Golf von Mexiko aber ist alles wieder in bester Ordnung. Das sagen jedenfalls BP und die Behörden. Daher stellt der Ölkonzern die Aufräumarbeiten schon 2014 ein. Im März 2015, nur fünf Jahre nach der Explosion der Plattform, legt BP einen Abschlussbericht über die Folgen der Katastrophe vor. Offenbar ist der Strand des knallblauen Meeres jetzt so schneeweiß wie der Reiher, der im sattgrünen Marschland steht. Das zeigen jedenfalls die Fotos auf dem Umschlag des BP-Reports »Gulf of Mexiko: Environmental Recovery and Restoration«. Nach den darin ausgewerteten Untersuchungen sind die betroffenen Regionen im Golf von Mexiko, Louisiana, Mississippi, Alabama und Florida, »wieder in den Zustand vor der Ölpest zurückgekehrt«.[13] Natur und Ökosysteme hätten keine signifikanten Langzeitschäden davongetragen; die meisten Umweltschäden seien unmittelbar nach dem Unglück aufgetreten, heißt es.

Weiterhin gebe es keine wissenschaftlichen Belege dafür, dass Meeressäuger (wie Delfine und Wale) Schaden genommen hätten, genauso wenig wie Korallen oder Seevögel. Die Qualität von Stränden und Wasser sei wiederhergestellt, der Tourismus auf Rekordhöhe, Fische und Meeresfrüchte könne man bedenkenlos essen, die Fischerei sei wieder auf dem gleichen Niveau wie vor der Katastrophe. Der Golf von Mexiko, verkündet BP, als wäre es eine Siegerehrung, habe seine Widerstandskraft bewiesen. Würde man noch Öl finden, dann müsse das andere Ursachen haben.

Scott Porter glaubt von all dem kein Wort. Der 49-jährige Meeresbiologe und Taucher ist der Gründer von Ecorigs. Diese Non-Profit-Organisation baut auf umweltverträgliche Weise Bohrinseln ab. Heute sind Porter und seine Kollegen vor allem damit beschäftigt, Beweise dafür zu sammeln, dass die Ölpest bei Weitem nicht so spurlos an ihrer Heimat vorbeigegangen ist, wie BP und die Behörden es behaupten. »Sie sagen, alles sei sauber, aber wir wissen, dass das nicht der Fall ist. Wir haben auf die Verschmutzung hingewiesen, aber niemand sieht hin oder hört zu«, sagt Porter. Ihre Belege haben er und seine Kollegen in Wissenschaftsmagazinen veröffentlicht.[14] Porter selbst filmte das marine Leben kurz nach der Katastrophe und drei Jahre später. Unmittelbar nach der Ölpest fand er noch Korallen an Plattformen nahe der Unglücksstelle und eine Menge verschiedener Fische, »es sah toll aus, ich kam mir vor wie Alice im Wunderland«. Doch drei Jahre später waren die Korallen abgestorben und die Fische verschwunden, es wirkte wie eine Geisterstadt unter Wasser.[15]

Als die Nationale Ozeanbehörde (NOAA) auf seine Beobachtungen an den Korallen aufmerksam wurde, stellte sie einen Forschungsauftrag in Aussicht. NOAA organisierte gemeinsam mit BP im National Ressourcese Damage Assessment (NRDA) die Reinigungsarbeiten nach der Ölpest. In ihrem Auftrag sammelte Porter kurz nach der Katastrophe Proben von Korallen, die an Ölplattformen in der Nähe von Deepwater Horizon wuchsen. Doch nachdem er die Proben abgegeben hatte, habe er nie wieder von der Behörde gehört. »Soweit ich weiß, sind wir im Bundesstaat Louisiana die Einzigen, die immer noch nach Öl suchen. Aber leider haben uns die Regierungsvertreter im Stich gelassen. Sie verfolgen unsere Untersuchungen nicht weiter.«

Mittlerweile ist es dunkel, und Porter packt im Schein seiner Stirnlampe die Kiste aus. Er legt die Korallen, Muscheln und Teerklumpen aus seinem Labor in den Sand. Dann löscht er das Licht und richtet seine Schwarzlichtlampe auf einen der Teerklumpen. Dieser leuchtet orange und grün. UV-Licht wird eingesetzt, um undichte Stellen in Diesel- oder Gasleitungen zu finden.

Es lässt Kohlenwasserstoffe, wie sie in Erdöl und Erdgas enthalten sind, in Orange- und Gelbtönen leuchten. »Merkt euch diese Farben hier, orange und ein bläuliches Grün«, sagt er, »danach suchen wir. Sie sind der Beleg dafür, dass es wir es mit Öl von BP zu tun haben.« Die grüne Farbe sei ein Hinweis auf Glykol. Glykol wiederum ist im Dispersionsmittel Corexit enthalten. Diese Chemikalie hat BP in riesigen Mengen auf das ausgetretene Öl gesprüht, um es in winzige Tröpfchen zu zersetzen. »Der Einsatz von Glykol nach Deepwater Horizon ist der einzige, den es hier gegeben hat. An diesen Farben kann man erkennen, dass es mit Corexit besprühtes Öl ist, also stammt es von BP. Es liegt außerdem im selben Farbspektrum wie die Ölproben, die wir nach der Katastrophe entnommen haben und deren Fingerabdruck von BP wir in einem Labor haben erstellen lassen.«

Jedes Öl hat einen charakteristischen Fingerabdruck, mit dem nachgewiesen werden kann, aus welchem Bohrloch es stammt. Um alle Proben, die sie sammeln, in einem Labor testen zu lassen, müsste Porters NGO viel Geld bezahlen. Deshalb wenden sie die UV-Licht-Methode an. Porter greift nach einem neuen Teerklumpen, der am Strand liegt. »Wir hatten noch nie solche Mengen von Teerklumpen hier wie nach Deepwater Horizon«, sagt er. Er bricht den Placken auseinander und strahlt ihn an, er leuchtet orange und grün. Die Korallen und Austernschalen, die er mitgebracht hat, haben die Farbe, die auf mit Gift vermischtes BP-Öl hinweisen: »Diese Austern hier, die habe ich direkt bei einem Fischer gekauft. Die waren für den Verzehr gedacht. Ich liebe Austern, aber ich trau mich nicht mehr, sie zu essen.«

Er hält inne und schaut auf die See. In der Ferne sieht man die Lichter der Fischerboote, dahinter leuchten winzig klein die Bohrinseln. Mehr als 3 000 davon gibt es im Golf von Mexiko. In den 15 Jahren vor der Katastrophe hat es bereits 79 Störfälle mit Ölaustritt gegeben, weil die Betreiber die Kontrolle über das Bohrloch verloren hatten.

Porter fröstelt in seinem dünnen Hemd, der scharfe Abendwind rupft Haarsträhnen aus dem Zopf, der unter seiner Baseballkappe hervorschaut. »Die Frage ist doch: Warum ist eigentlich die Regierung nicht hier draußen und schaut sich das mit uns an? Es wäre doch keine große Sache für sie, hier Proben zu entnehmen und den Fingerabdruck erstellen zu lassen.« Seine warme, ruhige Stimme bekommt jetzt einen härteren Ton, er ist wütend. »Natürlich gibt es keine Hinweise, wenn man nicht danach sucht – oder an den falschen Stellen. Sie könnten all diese Teerklumpen hier einsammeln und testen. Aber sie tun es nicht.«

Er steht auf und lässt das Schwarzlicht wortlos über den Strand gleiten. Der Boden leuchtet orange. Wir sehen Abdrücke von kleinen Füßen: Ein Kind ist hier barfuß entlanggelaufen. Die Spuren verlieren sich im Seegras, das bläulich grün fluoresziert. »Seht ihr?«, sagt Porter, »das ist das, was ich meine. Jemand muss doch etwas tun!«

BP – die Mutter des Greenwashings

»Unser Ziel ›keine Unfälle, keine Schäden für Menschen und keine Zerstörung der Umwelt‹ ist die Grundlage der BP-Aktivitäten.«[16] So steht es im BP-Nachhaltigkeitsbericht 2009. Er erschien nur zwei Wochen vor dem Desaster im Golf von Mexiko. Heute klingen diese Worte wie blanker Hohn. Doch damals gab sich BP noch quasi als Ökounternehmen aus. Zehn Jahre vor der Explosion von Deepwater Horizon hatte sich der Konzern für 200 Millionen Dollar ein grünes Image zimmern lassen. Die

Agentur Ogilvy & Mather (Motto: »We make brands better«) ersann die Namensänderung. Aus British Petroleum wurde Beyond Petroleum (»über Erdöl hinaus«), und das Logo verwandelte sich von einem trutzigen grün-gelben Ritterschild in eine freundliche grün-gelbe Sonne. BP versprach eine »Low-Carb-Diät« und behauptete, verstärkt in Solar- und Wind-Energie investieren zu wollen. »Windkraft: eine Idee, der wir Flügel verleihen.« »Die Kraft der Sonne stecken wir in die Zelle.« So schrieb BP es auf Plakate und verzierte sie mit Blumen und Sonnen. »BP kann ein Freund sein, indem es Konsumenten zuhört und mit menschlicher Stimme spricht«, sagte Michael Ian Kaye, der bei Ogilvy & Mather den Imagewechsel von BP besorgte, in einem Interview mit der *New York Times*.[17]

BP feierte sich fortan als »weltgrößtes Solarunternehmen« und schraubte demonstrativ Solarzellen auf Tankstellendächer. Die Kosten für BP blieben dabei überschaubar: Der Ölkonzern hatte 1999 einfach die Photovoltaikfirma Solarex aufgekauft – für weniger als ein Viertel dessen, was die Imagekampagne gekostet hatte. Eine homöopathische Investition im Vergleich zur Übernahme der Atlantic Richfield Corporation (ARCO) im selben Jahr: BP hatte sich den US-amerikanischen Ölkonzern für satte 26,5 Milliarden Dollar einverleibt, um das Ölfördergeschäft zu erweitern. In seine offensiv beworbene Sparte »Alternative Energien« stecke BP jedoch von 2005 bis 2009 insgesamt lediglich 2,9 Milliarden Dollar, laut *Wall Street Journal* magere 4,2 Prozent aller Investitionen in diesem Zeitraum. In den ersten drei Quartalen des Jahres 2007, dem Jahr, in dem der Weltklimarat der Vereinten Nationen (Intergovernmental Panel on Climate Change – IPCC) mit seinem vierten Bericht belegte, dass der Klimawandel menschengemacht ist und schneller voranschreitet als gedacht, machte BP einen Gewinn von 20,5 Milliarden Dollar. 19 Milliarden davon stammten aus der Förderung und Verarbeitung von Erdöl.

Im selben Jahr stieg der grün geläuterte Konzern BP in das Geschäft mit dem Ölsandabbau in Kanada ein. Das Ziel: Öl aus Teersand zu gewinnen. Dafür benötigt wird eine der gefährlichsten, giftigsten, klimaschädlichsten und schmutzigsten neuen Technologien. Laut einem EU-Bericht werden durch Teersand ein Viertel mehr Treibhausgasemissionen im Vergleich zu konventionellem Öl produziert.[18]

Dabei hatte der ehemalige BP-Vorstandschef John Browne zehn Jahr zuvor, im März 1997, als erster Konzernboss den menschengemachten Klimawandel offiziell anerkannt. Für ihn gebe es dafür »zunehmende Beweise«, sagte Browne, es sei »wenig weise und potenziell gefährlich«, sie zu ignorieren. BP wolle sich künftig der »Verantwortung für die Zukunft und eine nachhaltige Entwicklung« stellen. Lippenbekenntnisse dieser Art sind längst Standard jeder Konzernkommunikation. Man wird heute kein Unternehmen mehr finden, das seine »Verantwortung« und seine Bemühungen um Nachhaltigkeit nicht bereits auf der Startseite seiner Internetpräsenz betonen würde.

Ende der neunziger Jahre jedoch – und für BP zumal – war eine solche Ankündigung spektakulär. Denn damals investierte die Automobil-, Chemie- und Energieindustrie noch viel Geld in Lobbygruppen und Think Tanks, die den Klimawandel leugneten, und versuchten, staatliche Klimaschutzmaßnahmen zu verhindern. Bis 2002 kämpfte die Global Climate Coalition dabei an vorderster Front, zu deren Mitgliedern bis 1997 auch BP gehörte.[19] In diesem Jahr wiederum beschlossen die Vereinten Nationen mit dem Kyoto-Protokoll das erste Abkommen, das völkerrechtlich verbindliche Ziele zur Treibhausgasreduktion der Industrieländer vorschrieb. Sich selbst als Klimaretter zu inszenieren war von nun an die viel wirksamere Propaganda, um strenge Auflagen der Politik abzuwenden. »BP entdeckte diese Strategie als erster Ölkonzern und setzte sie bis zur Perfektion um. Regelmäßig plädiert BP, der Staat möge doch bitte auf Gesetze und Vorschriften verzichten und sich stattdessen auf Selbstverpflichtungen der Industrie verlassen – was umso überzeugender klingt, je grüner das eigene Image ist«, schreibt der Journalist Toralf Staud, der das preisgekrönte kritische Blog *Klima-Lügendetektor* mitbegründete.[20]

Verdeckt unter dem grünen Mäntelchen, kämpfte BP allerdings dafür, Ölförderbeschränkungen in Naturreservaten aufzuheben. Laut Center for Responsive Politics gab BP parallel zur grünen Imagepflege zwischen 2005 und 2010 rund 40 Millionen Dollar für Lobbyismus in Washington aus. Ein halbes Jahr nach der Katastrophe im Golf von Mexiko fand das Climate Action Network Europe heraus, dass BP und andere Konzerne vor den US-Kongresswahlen mit insgesamt 240 200 Dollar jene Senatoren unterstützten, die den Klimawandel leugneten und Barack Obamas Klimapolitik verhindern wollten. 80 Prozent der Wahlkampfspenden der im NGO-Bericht genannten Konzerne seien an Senatskandidaten geflossen, die sich gegen die Klimapolitik der USA ausgesprochen hatten.

Greenwashing hat eine lange Geschichte. Sie beginnt in den sechziger Jahren, als sich in den USA die Umwelt- und Anti-Atomkraft-Bewegung formte. Die Industrie reagierte mit einer Gegenerzählung, schmückte ihre Werbung mit Bildern schöner Natur und betonte ihr Engagement für den Umweltschutz. Je verheerender die Umweltkatastrophen ausfielen – etwa in Seveso (10. Juli 1976: Freisetzung des hochgiftigen Dioxins TCDD), in Bhopal (3. Dezember 1984: chemische Katastrophe in einer Fabrik von Union Carbide, Tochterfirma von Dow Chemical), in Tschernobyl (26. April 1986: Nuklearkatastrophe in Block 4 des Kernkraftwerks) und bei der Havarie der Exxon Valdez (24. März 1989: Öltanker läuft vor Alaska auf Grund) – und je mehr die Umweltbewegungen in den siebziger und achtziger Jahren den Menschen zu einem kritischen Bewusstsein gegenüber der Industrie verhalfen, desto stärker reagierte diese mit grüner Werbung. Jerry Mander, der einst als Werbeprofi solche Kampagnen entwickelte und sich dann zum Umweltaktivisten wandelte, fand dafür den Begriff *Ecopornography*. In seinem gleichnamigen Essay von 1972 schätzt er, dass bereits damals Öl-, Chemie- und Autokonzerne mit Industrieverbänden und Energieversorgern eine Milliarde Dollar pro Jahr in Greenwashing investierten, »um das Wort ›Ökologie‹ und jegliches Verständnis davon zu zerstören«.[21]

Die Kampagne von BP war eine regelrechte Greenwashing-Revolution: BP hatte ja nicht schlicht versucht, das Ölgeschäft selbst als umweltfreundlich darzustellen und grünes Benzin zu verkaufen. Nein, der damals zweitgrößte Ölkonzern der Welt verwandelte sich gleich in einen Vorreiter der erneuerbaren Energien. Für diesen PR-Coup bekamen Ogilvy & Mather selbstverständlich einen Preis – und die Industrie hatte eine Blaupause für Kampagnen ähnlichen Zuschnitts. BP konnte ökologisch hochriskante Ölgeschäfte weiterführen, ohne von der Politik behelligt zu werden. Es war also kein Widerspruch, sondern nur folgerichtig, dass ausgerechnet die Mutter des Greenwashing die größte Ölpest aller Zeiten verursachen sollte.

Die Wahrheit hinter den Beteuerungen des Konzerns von Verantwortung und Nachhaltigkeit zeigte sich bereits 2005: Eklatante Sicherheitsmängel führten dazu, dass in Texas City die größte Ölraffinerie von BP explodierte. Fünfzehn Arbeiter starben, hundertachtzig wurden verletzt. Ein Jahr später liefen aus einer defekten BP-Pipeline im Ölfeld Prudhoe Bay in Alaska eine Million Liter Öl in den Pazifik.

Auch die Katastrophe von Deepwater Horizon war keine »Tragödie«, wie BP behauptete, sondern das vorhersehbare Ergebnis haarsträubender Schlampereien seitens des Ölkonzerns, der Betreiberfirma Transocean und der Firma Halliburton, die eine falsche Zementmischung zur Abdichtung des Bohrlochs geliefert hatte, sowie der Behörden, die alle Augen zudrückten. Anfangs versuchte BP noch, die Schuld von sich zu weisen. Aber während jeden Tag Millionen Liter Öl ins Meer strömten, sickerten nach und nach Beweise an die Öffentlichkeit, dass BP wissentlich schwere Fehler begangen hatte.

Seit Februar 2010 hatte Deepwater Horizon im Auftrag von BP Erkundungsbohrungen im Macondo-Ölfeld durchgeführt. Bis zu 5500 Meter unter den Meeresboden war die Explorationsplattform der Firma Transocean vorgedrungen. Doch zeitliche Verzögerungen trieben die Bohrkosten und die Leasinggebühr der Plattform für BP in die Höhe. Obwohl es bereits ungewöhnlich viele Gaseinbrüche gegeben hatte, machten sie weiter. Die Arbeiter sprachen bereits vom »Well of Hell«, dem »Bohrloch der Hölle«. Die Bohrung war so gut wie beendet, als es nach einem starken Druckanstieg zum Blow-out kam: Eine Fontäne von Bohrschlamm, Gas und Öl schoss aus dem Bohrloch, das Gas entzündete sich und setzte die Plattform in Brand. Der sogenannte Blow-out-Preventer, eine automatische Schutzvorrichtung, die das Loch am Meeresboden im Katastrophenfall schnell verschließen sollte, funktionierte genauso wenig wie die manuelle Notabschaltung. Auch wichtige Bauteile zur Abdichtung der Bohrstelle, sogenannte Centralizer, passten nicht oder fehlten ganz. »Was soll's«, schrieb diesbezüglich BP-Ingenieur Brett Cocales vier Tage vor der Katastrophe an seinen Kollegen Brian Morel. »Ende der Geschichte, wahrscheinlich wird's hinhauen.« Die E-Mail ist im Abschlussbericht zitiert, den eine siebenköpfige Untersuchungskommission im Auftrag von Präsident Barack Obama erstellte.[22] Ihr Fazit: »Es wurde schockierend schnell klar, dass die Industrie Milliarden auf die Technologie für Tiefwasserbohrung verwandte, aber so gut wie nichts ausgab, um einen Plan B für die gänzlich absehbaren Konsequenzen einer enormen Ölkatastrophe zu schaffen.«

Corexit oder Die Katastrophe nach der Katastrophe
Nur zwei Tage nach der Explosion von Deepwater Horizon begann im Golf von Mexiko das nächste Umweltdesaster. Wissenschaftler wie Scott Porter, Mediziner, Umweltorganisationen, Fischer und Anwohner glauben, dass es sogar noch schlimmer war als die Ölpest selbst. Am 22. April, dem Tag, an dem die Plattform im Meer versank, begann BP bereits damit, den Ölteppich mit Corexit zu besprühen. Das hatte die Umweltbehörde EPA (Environmental Protection Agency) genehmigt, denn nach dem Clean Water Act und dem Oil Pollution Act ist Corexit zur Bekämpfung von Öl auf der Wasseroberfläche zugelassen. Die entsprechenden Gesetze waren nach dem Tankerunglück der Exxon Valdez verabschiedet worden. Dort kam das Dispersionsmittel, das der Ölkonzern Exxon entwickelt hat, erstmals zum

Einsatz. Doch während in Alaska 20 800 Liter Corexit ausgebracht wurden, waren es im Golf von Mexiko sieben Millionen. Dabei war zu diesem Zeitpunkt gar nicht ausreichend erforscht, welche Langzeitwirkungen das zeitigen würde. Was passierte, wenn man das Gift unter Wasser anwendete? Dazu gab es keinerlei Untersuchungen. Trotzdem wurde die Variante Corexit EC9527A am Bohrloch von Deepwater Horizon ausgebracht. Ein so gigantisches wie fatales Experiment, warnten bereits damals Toxikologen und Meeresbiologen – darunter Rick Steiner, der die UN bei Ölkatastrophen berät, Richard Charter, Meeresbiologe und Berater der NOAA, sowie Ron Tjeerdema, Chef des Instituts für Umwelttoxikologie an der Universität von Kalifornien. Sie waren davon überzeugt, dass das Gift dem Ökosystem des Meeres dauerhaft Schaden zufügen würde.[23] Manche sagten ein »Tschernobyl unter Wasser« voraus.

BP dagegen behauptete, Corexit sei »so harmlos wie Spülmittel«. Warum aber war das Gift dann in Großbritannien, dem Sitz des Unternehmens, schon viele Jahre verboten? So, wie ein Spülmittel Fett löst, sollte Corexit das Öl in winzige Teile auflösen, die dann von Mikroben gefressen würden. Damit, so behaupteten BP und die Behörden, verhindere man, dass noch mehr Öl an Land getrieben werde und die Küste verseuche. Man wolle das Öl so weit wie möglich vor der Küste abfangen, hieß es. Mag sein, dass die Regierung von der verzweifelten Hoffnung getrieben war, der Katastrophe nicht völlig hilflos ausgeliefert zu sein, war man doch selbst nicht in der Lage, das Desaster zu stoppen. Man verfüge nicht über die nötigen Geräte und Erfahrungen, um auf BPs Beitrag im »Kampf gegen die Ölpest« verzichten zu können, sagte Admiral Thad Allen. Der Chef der US-Küstenwache leitete im Auftrag von Präsident Barack Obama den Einsatz gegen die Ölkatastrophe. Anfangs hatte Obama noch vollmundig behauptet, seine Regierung werde die Golfküste »in besserem Zustand als zuvor hinterlassen«. Nur drei Wochen vor der Explosion der Deepwater Horizon hatte Präsident Obama allerdings noch verkündet, er werde bislang geschützte Gebiete für weitere Ölbohrungen vor der Küste öffnen. Die Praxis sei nicht so gefährlich, wie er gedacht habe: »Bohrplattformen verursachen heute generell keine Ölpest, sie sind technisch sehr fortgeschritten.« Genau das hatte auch BP immer wieder behauptet.

Der naive Glaube daran, dass man die Natur mittels ausgefeilter Technologie beherrschen könne, und das Gottvertrauen in BP hatten dazu geführt, dass die damals zuständige Behörde des Innenministeriums einfach darauf verzichtete, dass BP einen Notfallplan für Unfälle vorlegt. Ein solcher war zwar für viele Plattformen im Golf von Mexiko vorgeschrieben. Aber die Behörde hatte blind geglaubt, dass ein großer Ölunfall unwahrscheinlich bis unmöglich sei. Die Bohrinsel war ja auch weit genug im Meer. Selbst im Falle einer Ölpest, so sagte man, müsse man sich also nicht sorgen, dass die Küstenregion betroffen sein werde. Folglich lag es wohl auch im Interesse der Regierung, dass BP die riesige Katastrophe kleinredete. »Im Moment sieht es danach aus, dass die Umweltauswirkungen sehr, sehr gering sein werden«, sagte der damalige BP-Chef Tony Hayward am 18. Mai.[24]

Einen Tag später wurde es der EPA anscheinend doch mulmig. Sie forderte den Ölkonzern auf, ein weniger giftiges Mittel als Corexit zu verwenden und den Einsatz auf Ausnahmen zu beschränken. Doch BP setzte sich darüber hinweg. Corexit verursache weniger Langzeitschäden und sei wirkungsvoller als andere Mittel, teilte BP der Umweltbehörde mit. Tatsächlich hatte BP bereits alle Corexit-Reserven aufgekauft. Zum damaligen Zeitpunkt saß BP sogar im Aufsichtsrat des Corexit-Herstellers, der Firma Nalco in Naperville im Bundesstaat Illinois. Der Verkauf von Corexit brachte Nalco allein bis Mitte Mai einen Umsatz von 40 Millionen Dollar ein.

»Die Gefährdung durch Corexit herunterzuspielen ging Hand in Hand mit der Falschinformation, die BP über das Ausmaß der Umweltverschmutzung verbreitete«, schrieb der amerikanische Journalist Mark Hertsgaard 2013 in seinem investigativen Report für die amerikanische *Newsweek* und die deutsche *Zeit*.[25] Im April und Mai 2010 habe BP laut einer internen E-Mail geschätzt, dass »aus der unkontrolliert sprudelnden Ölquelle« täglich zwischen 62 000 (ca. zehn Millionen Liter) und 146 000 Barrel Öl (ca. 23 Millionen Liter) austreten würden. Doch gegenüber Regierung und Medien habe BP nur von 5 000 Barrel (ca. 800 000 Liter) pro Tag gesprochen. Logisch, denn jedes einzelne Barrel Öl hätte die Strafzahlung und Schadensersatzforderungen an BP in die Höhe getrieben. »Der Konzern behauptete öffentlich, es trete viel weniger Rohöl aus, als die eigenen Fachleute vermuteten, und zugleich sorgte das Mittel Corexit dafür, dass es an der Wasseroberfläche und an den Stränden auch danach aussah«, schreibt Hertsgaard. Mit anderen Worten: Obwohl jeden Tag Millionen Liter Öl aus dem Bohrloch sprudelten, war es BP innerhalb kürzester Zeit gelungen, die Katastrophe unsichtbar zu machen.

Anfang August 2010, zwei Tage bevor BP vermeldete, das Bohrloch der Macondo-Quelle sei endgültig geschlossen, behauptete die Nationale Ozeanbehörde (NOAA), dass mehr als drei Viertel des Öls beseitigt seien. 17 Prozent seien am Bohrloch abgefangen worden. Acht Prozent seien verbrannt oder abgeschöpft und 49 Prozent auf natürliche Weise oder chemisch zersetzt worden oder verdunstet.[26] Diese Angaben wurden von unabhängigen Wissenschaftlern sofort angezweifelt: Nach den Berechnungen eines Forscherteams der Universität Georgia hätte man allenfalls davon ausgehen können, dass 20, höchstens 30 Prozent entfernt wurden. 70 bis 80 Prozent befänden sich, von Corexit in kleinste Tröpfchen zerteilt, noch im Golf von Mexiko. Wissenschaftler der University of California veröffentlichten 2014 eine Studie, nach der sich rund die Hälfte des ausgetretenen Öls noch immer auf dem Meeresboden befindet. 3 000 Sedimentproben, die sie an mehr als 500 Stellen in 1 300 Meter Tiefe entnahmen, ergaben, dass sich das Öl auf einer Fläche dreieinhalb Mal so groß wie Berlin auf dem Meeresgrund verteilt hat.

Jörg Feddern, Meeresbiologe und Ölexperte bei Greenpeace, hat die Golfküste und das Mississippidelta ein Jahr nach der Katastrophe besucht und dort mit Kollegen Ölproben an verschiedenen Stellen genommen: »Wir haben selbst dort, wo aufgeräumt und gereinigt wurde, Öl gefunden«, sagt Feddern. Sieben der neun Proben, deren Fingerabdruck Feddern in Deutschland hat testen landen, erwiesen sich als Öl vom BP-Unfall. »Ich habe nicht damit gerechnet, dass wir noch so viel finden – und vor allem nicht überall«, sagt Feddern. Andererseits: »800 Millionen Liter Öl können nicht verschwunden sein – zumal die Entfernungsquote nach Ölunfällen bei im Schnitt etwa zehn Prozent liegt.«[27]

Die unsichtbare Ölpest

Tatsächlich weiß bis heute niemand, wie viel Öl genau aus dem Bohrloch im Macondo-Feld in den Golf von Mexiko gelangt und wie viel davon verschwunden ist. Exakte Messungen hat es nie gegeben. Denn BP ist es gelungen, diese zu verhindern. Der Konzern ließ niemanden auch nur in die Nähe des Bohrlochs. Erst auf Druck des amerikanischen Kongresses schaltete BP die Roboter-Videokamera in der Tiefe live, damit geschätzt werden konnte, wie viel Öl austrat.

Was man heute aber ziemlich sicher weiß: Der gigantische Einsatz von Corexit war nicht nur nutzlos, sondern hat die Ölpest verschlimmert.

Knapp zwei Jahre nach der Explosion auf der Deepwater Horizon veröffentlichte das wissenschaftliche Journal *Environmental Pollution* eine Studie des Georgia Institute of Technology und der mexikanischen Universidad Autónoma des Aguascalientes, die belegt, dass Rohöl 52-mal giftiger wird, wenn es mit Corexit kombiniert wird.[28] Die University of South Florida berichtet, dass dort, wo Schwaden des mit Corexit versetzten Öls durch das Meer zogen, die Mikroorganismen weniger wurden. Diese These bestätigt auch die Untersuchung eines deutsch-amerikanischen Forscherteams der Universität Tübingen: Das Gift habe dazu geführt, dass sich die Mikroben, die das zersetzte Öl fressen sollten, weniger vermehrten.[29]

Viele Wissenschaftler gehen davon aus, dass eine große Menge des besprühten Öls auf den Boden gesunken ist und dort, vermischt mit Sand, Staub und Plankton, eine Tausende Quadratkilometer große Asphaltdecke gebildet hat.[30] Stürme und Wellen reißen Teile davon ab und spülen sie an den Strand. Dort landen sie als Teerklumpen.

Während der Dreharbeiten zu *The Green Lie* stoßen Werner Boote und ich an den Stränden von Grand Isle Anfang April 2016 auf massenhaft solcher schwarzen Giftbrocken, manche davon brotlaibgroß. Für eine Aufnahme am Strand sammle ich welche ein. Ich brauche nicht einmal zehn Minuten, um einen Eimer zu füllen. »Corexit hat alles noch viel schlimmer gemacht«, sagt Scott Porter. Er hat am eigenen Leib erlebt, was dieses giftige Dispersionsmittel anrichten kann. Als er nach der Katastrophe im Auftrag der Nationalen Ozeanbehörde tauchte, um Proben zu sammeln, zersetzte das Gemisch aus Öl und Gift, das durch das Meer trieb, seinen Taucheranzug. Unmittelbar danach musste er sich übergeben, bekam schwere Hautausschläge, Atembeschwerden, asthmatischen Husten und Migräne. Noch heute leidet er unter diesen Symptomen.

Gesundheitsexperten schätzen, dass das Gift Tausende Menschen krank gemacht hat. 47 000 Helfer waren während der Reinigungsarbeiten dem Gemisch aus Öl und Corexit ausgeliefert. Anschließend klagten sie über Ausschläge, Atemwegserkrankungen, Schwindel, Krämpfe, Konzentrationsschwierigkeiten und Depressionen. Symptome, die schon 1989 nach dem Unglück der Exxon Valdez bei vielen der rund siebentausend Helfer beobachtet worden waren.

Zwanzigtausend Menschen verloren in der Folge von Deepwater Horizon ihre Arbeit. Nahezu die gesamte Fischereiflotte am Golf von Mexiko war lahmgelegt. Unter dem zynischen Namen Vessels of Opportunity (»Schiffe der Chancen«) startete BP ein Beschäftigungsprogramm, das Fischer- in Reinigungsboote verwandelte. So raubte der Ölkonzern den Menschen vor Ort erst ihre Lebensgrundlage und nötigte sie dann auch noch, den giftigen BP-Dreck zu entfernen. BP selbst gerierte sich dabei als

Wohltäter. »Auf diese Weise hält sich die Öl- und Gasindustrie an der Macht: indem sie den Leuten, die sie selbst ertränkt, vorübergehend Rettungsboote hinwirft«, kommentiert Naomi Klein, die nach der Katastrophe in Louisiana recherchiert hat.[31]

Beinahe 6 000 Schiffe waren 2010 im Golf von Mexiko unterwegs. Sie sollten schwimmende Barrieren errichten, Öl abschöpfen, Tiere retten. Währenddessen ließ BP das giftige Mittel auf die Reinigungsarbeiter regnen: Gut die Hälfte der sieben Millionen Liter Corexit wurde von Flugzeugen versprüht. Die Organisation Government Accountability Project (GAP), eine Anlaufstelle für Aktivisten, Informanten und Whistleblower, hat 21 Helfer, Wissenschaftler und Anwohner nach dem Desaster interviewt. Darunter auch Scott Porter. Die erschütternden Protokolle hat GAP im Internet veröffentlicht.[32] Sie beschreiben nicht nur, wie unheilbar krank viele Betroffene geworden sind. Sondern auch, dass BP die Gesundheit der Helfer bewusst aufs Spiel gesetzt hat. Nicht nur, dass niemand die Reinigungsarbeiter über die Gefahren von Corexit aufgeklärt habe. BP habe ihnen keine adäquate Schutzkleidung und Atemschutzmasken zur Verfügung gestellt, obwohl sie den Konzern mehrfach darum gebeten hätten. »Ich bemerkte, wie aggressiv das Corexit ist, und ich habe mich gewundert, dass ich keine Atemschutzmaske oder die richtige Ausrüstung bekam. Ich fragte einen BP-Repräsentanten danach – ich erinnere mich nicht mehr, welchen –, und er sagte mir, wenn ich eine solche bekäme, dann würden alle Arbeiter Atemmasken haben wollen, und das würde für BP ganz schlecht aussehen, wenn die Nachrichten Filmmaterial davon hätten, auf denen ein Haufen Arbeiter mit Atemmasken zu sehen wäre.«[33] Das erzählt Jorey Danos in seinem Protokoll. Damals war der Familienvater 31 Jahre alt. Corexit hat ihn krank gemacht, weil BP hässliche Bilder vermeiden wollte. Arbeiten kann er nun nicht mehr. Er lebt mittlerweile von Sozialhilfe.

Die bittere Ironie dabei ist, dass die Reinigungsarbeiter wegen der Corexit-Pest nur einen Bruchteil des Öls tatsächlich entfernen konnten. Mit Zynismus nicht annähernd beschrieben aber ist, dass die Schiffe Teil der 50 Millionen Euro teuren Kampagne von BP waren, die zeigen sollte, wie eifrig der Ölkonzern »die volle Verantwortung für die Reinigung« übernahm.[34] Das sagte der damalige BP-Boss Tony Hayward im dazugehörigen Werbespot und zeigte Fotos von Helden in Booten und Reinigungsarbeiter am weißen Sandstrand.

Nur zehn Tage nachdem wir die Dreharbeiten auf Grand Isle beendet haben, erscheint der Report *Time for Action: Six Years After Deepwater Horizon* von Oceana.[35] Darin hat die internationale Meeresschutzorganisation die jüngsten unabhängigen Studien zu den Folgen der Ölpest in und am Golf von Mexiko ausgewertet. Die Lektüre dieses Berichts macht allerdings nicht ganz so gute Laune wie der BP-Report aus dem Jahr davor. Während der Ölkonzern behauptet hatte, Natur, Ökosystem und Fischerei hätten sich vollständig erholt, präsentierte Oceana andere Ergebnisse. Seit der Katastrophe seien tausend tote Meeressäuger gestrandet. Wissenschaftler gehen davon aus, dass fünfzigmal so viele gestorben sind, weil nur ein Bruchteil der Kadaver und Skelette wirklich gefunden wird. Besonders besorgniserregend, das hatte auch schon die Nationale Ozeanbehörde (NOAA) beobachtet, sei die ungewöhnlich hohe Zahl tot und zu früh geborener Delfine und Wale. Nur 20 Prozent der Tümmler-Kälber kämen gesund zur Welt, vor der Ölpest waren es noch 83 Prozent gewesen. Zwischen sechs- und achthunderttausend sind gestorben. Öl und Corexit fanden sich in 80 Prozent der Pelikan-Eier, die mehr als 1 600 Kilometer vom Golf von Mexiko entfernt in Minnesota untersucht wurden. Dort verbringen die Vögel den Winter. Bei vielen Fischen, etwa bei Thunfisch, führte die Ölpest zu Herzversagen, verminderter Schwimmfähigkeit und Beschädigung der Kiemen. Die meisten toten Meeresschild-kröten, die nach der Katastrophe gefunden wurden, nämlich 75 Prozent, waren Atlantik-Bastardschildkröten. Es sind die kleinsten, seltensten und am meisten bedrohten Meeresschild-kröten der Welt. Rund 65 000 dieser Tiere starben 2010, vier Mal so viele wie in den Jahren zuvor.

Umso erstaunlicher, dass nach der Ölpest sehr viel weniger scho-ckierende Aufnahmen von Ölteppichen, schwarzen Stränden, toten Walen und ölverschmierten Vögeln in den Medien zu se-hen waren als noch zwanzig Jahre zuvor, nach der Havarie der Exxon Valdez vor Alaska. »Wir wissen, dass wir dafür verant-wortlich sind, Sie zu informieren«, beteuert Tony Hayward im BP-Spot. BP hat auf seine Weise Wort gehalten und von Anfang an die Berichterstattung über die Katastrophe gesteuert: Der Konzern kaufte sich Topplatzierungen für bestimmte Schlüssel-wörter bei Google, Yahoo und Bing. Wer Begriffe wie »Oil Spill« (Ölpest) bei den Suchmaschinen eingab, dem wurde als Erstes ein Link zur BP-Homepage vorgeschlagen, auf dem das Unter-nehmen seine Sicht der Dinge darstellte. Laut Experten soll die-ser PR-Coup BP jeden Tag 10 000 Dollar gekostet haben. BP unternahm alles, um Katastrophenbilder zu vermeiden. Der Öl-konzern hielt gezielt Reporter, Fernsehteams und Fotografen von den betroffenen Stränden und den Aufräumarbeiten fern. Zusammen mit der Küstenwache fingen sie vor der Küste selbst das Team eines der größten Fernsehsender der USA, CBS, ab. Auch der Nachrichtendienst Associated Press, *Newsweek*, *New York Times* und *Washington Post* beschwerten sich darüber, bei der Berichterstattung über das Desaster behindert zu werden. Darüber hinaus hatte die Küstenwache in Absprache mit BP ein Tiefflugverbot verhängt.

BP soll außerdem versucht haben, Wissenschaftler und sogar ganze Abteilungen für Meeresbiologie von Universitäten in der Golfregion unter Vertrag zu nehmen – für horrendes Geld und unter der strikten Auflage, dass sie ihre Ergebnisse nicht öffentlich machen dürfen. Viele lehnten ab, wie viele letztlich den Auftrag doch annahmen, ist nicht bekannt.[36] Als US-Präsident Barack Obama nach Louisiana kam, entsandte BP 600 Aufräumarbeiter für die unvermeidlichen Fernsehbilder. Am nächsten Tag waren diese von der Bildfläche verschwunden – BP hatte sie wohl abgezogen.[37]

So hat es BP geschafft, die größte Ölpest aller Zeiten derart zu verharmlosen, dass sie – noch während Öl aus dem Bohrloch strömte! – von einigen als Problem hysterischer Umweltschützer wahrgenommen wurde. »Ende Juli 2010 fragten die Nachrichtenagentur Associated Press und die *New York Times* bereits, ob das Ölleck überhaupt eine so große Sache gewesen sei«, schreibt Mark Hertsgaard, »das *Time Magazine* ging sogar so weit, dem rechtsgerichteten Radiomoderator Rush Limbaugh mit den Worten ›er hat nicht ganz unrecht‹ zuzustimmen, als er Journalisten und Umweltaktivisten beschuldigte, die Krise übertrieben darzustellen.«

Übertrieben? Vielleicht hätte Limbaugh einmal Dean Blanchard besuchen sollen. Der ist nämlich alles andere als ein hysterischer Umweltschützer. Und trotzdem birst er fast vor Zorn auf BP. Mit einem Umsatz von 60 Millionen Dollar pro Jahr war er der größte Garnelenhändler der USA. 1400 Fischer lieferten ihm Shrimps, 180 Tonnen davon verkaufte Dean Blanchard Seafood am Tag. Das war vor Deepwater Horizon, als Dean Blanchard noch der »Shrimpskönig von Louisiana« war. Heute steht sein Unternehmen vor dem Ruin.

Wir treffen Blanchard in seiner Firma am Kai von Grand Isle. Es ist halb acht Uhr morgens. Eigentlich müssten hier Lastwagen Schlange stehen, um ihre Ladung Garnelen und Fisch abzuholen. Doch die Einfahrt vor dem rot-weiß-getünchten Holzgebäude ist leer. Am Kai liegen die Fischerboote dicht an dicht vor Anker, daneben sausen Braunpelikane im Sturzflug ins Wasser. Dean Blanchards Büro ist gelb gestrichen und mit violetten Tatzen gesprenkelt, die Fensterrahmen sind violett lackiert. Es sind die Farben des Foodballteams LSU Tigers der Louisiana State University. Ihr Logo mit dem Tigerkopf ziert auch die Wanduhr, die Vorhänge und Blanchards kunstledernen gelb-violetten Bürostuhl. Selbst die Jogginghose, die der 57-Jährige trägt, ist lila.

Mit kratziger Stimme und starkem Südstaatenakzent wettert Blanchard über BP, die ihm einen Millionenverlust beschert, alle Meeresfrüchte in der Umgebung vernichtet und 30 Jahre Arbeit ruiniert hätten. Denen es aber nicht reiche, einfach nur das Meer mit Öl zu verpesten, nein, die sie obendrein auch noch mit Gift besprühe, »wie Insekten«. Die Manager von »British Pinocchio«, so redet sich Blanchard in Rage, würde er manchmal am liebsten jagen. Auf dem riesigen Flachbildfernseher an der Wand flimmert tonlos ein alter Western. Seit Beginn der Katastrophe ist Blanchard einer, der seine Stimme besonders laut gegen BP erhebt. »Wir hätten das Öl rausholen können. Unsere Boote standen bereit. Aber sie wollten nicht. Es wäre zu teuer gewesen.

Ihnen ist die Umwelt egal. Sie denken nur an Geld, Geld, Geld«, sagt Blanchard. »Ich meine, warum baut man etwas, das man nicht kontrollieren kann? Sie hätten doch gar nicht bohren dürfen, wenn sie nicht wissen, wie man das im Notfall stoppt.« Er steht auf und führt uns auf den Hof. »Ich will euch was zeigen«, sagt er. Er öffnet einen roten Bottich mit Garnelen. Vorhin hat ein junges Paar eine Tüte mit diesen Garnelen gekauft. Blanchard wühlt in den toten Tieren. »Hier, seht ihr den dunklen Fleck?« Er zeigt uns eine weiße Garnele: ihre Kiemen sind schwarz. »Sie leben am Boden, deshalb atmen sie das Öl, das da ist, direkt ein. Das haben wir vor BP nie gehabt.«

Es ist acht Uhr, gerade hat ein Fischkutter angelegt. Der karge Fang wird von Bord in einen Container in der Werkshalle gepumpt. »Das ist das erste Schiff heute, und es wird wohl auch das einzige bleiben. Früher kamen hier 40 bis 50 Schiffe am Tag an«, sagt Blanchard. Immer weiter müssen die Boote hinausfahren, um überhaupt noch etwas zu fangen. Nun ist allerdings auch die Garnelenfischerei kein Ökogeschäft: Laut Greenpeace macht der Beifang bis zu 90 Prozent aus. Weil Garnelen am Meeresboden leben, werden sie mit Grundschleppnetzen gefangen. Die hinterlassen nicht nur Schäden am Meeresgrund, sondern sorgen auch dafür, dass jede Menge andere Tiere in die Netze gelangen. Meeresschildkröten zum Beispiel. Erst vor Kurzem hatten Meeresschutzorganisationen dafür gesorgt, dass die Behörden hier zum Schutz der Schildkröten andere Netze für den Garnelenfang vorschreiben wollten. Ich kann es mir nicht verkneifen, ihn darauf anzusprechen. »Alles Lüge!«, poltert Blanchard noch lauter. Der NGO gehe es auch nur ums Geld. BP habe die Meeresschildkröten umgebracht, nicht die Fischer. Seine Arbeit sei genau das, was Gott wolle. »Wie bitte?« – »Jesus' Freunde waren

Fischer, oder etwa nicht?« Nun ja. Aber was ist mit der Ölindustrie? Sollte die nicht besser verschwinden? »Nein, ein großer Teil meiner Familie und viele Freunde arbeiten dort. Ich habe nichts gegen die Ölindustrie«, sagt er. »Nein?«, frage ich, denn die Antwort macht mich stutzig. »Wir brauchen das Öl ja«, betont er. Für Autos zum Beispiel. Und davon fährt Dean Blanchard gleich mehrere. Ich sehe ihn zum ersten Mal strahlen, als er alle seine Modelle aufzählt. Darunter befinden sich auch zwei Hummer – also jene monströsen Geländewagen, die 30 Liter Benzin auf 100 Kilometer verbrauchen.

Bleibt alles, wie es ist

Der Weg nach Grand Isle führt durch Lafourche, einen Verwaltungsbezirk in Louisiana. Der Himmel ist grau, die sumpfige Gegend monoton und trostlos. Am diesigen Horizont reihen sich Öltanks und Raffinerien. Die beklemmende Szenerie erinnert an die gruselige US-amerikanische Krimiserie *True Detective*, die in Louisiana spielt. Am südlichen Ende der schnurgeraden Straße liegt Port Fourchon. Der riesige Ölhafen ist der wichtigste an der Golfküste. 90 Prozent der Ölproduktion im Golf von Mexiko werden hier über Tanker und Pipelines aus dem Meer abgewickelt. 800 bemannte Ölbohrplattformen stehen hier in der See, dazu kommen mobile Erkundungsplattformen wie die Deepwater Horizon und Tausende unbemannte Fördertürme. Zusammen stellen sie ein Viertel der amerikanischen Öl- und ein Fünftel der Gasproduktion. Trotzdem gehört Louisiana zu den ärmsten Bundesstaaten der USA. 58,1 Prozent der Stimmen hat hier Donald Trump bei der Wahl 2016 bekommen. Die meisten, 100 308, holte er in Jefferson, wo Grand Isle liegt. Unter diesen

Stimmen: die von Dean Blanchard. »Ich werde Trump wählen«, hatte er damals angekündigt. »Warum?« – »Weil er sich mit Business auskennt.«

Das Ölbusiness liegt Trump sehr am Herzen. Er will es ausweiten und per Dekret Obamas Sperrung vieler Teile der Arktis sowie des Atlantik für die Ölförderung rückgängig machen.

Trotz des Entsetzens, das die Bewohner der Region nach der Ölkatastrophe empfanden, und obwohl diese Katastrophe so viele Menschen krank und arm gemacht hat, gibt es hier keinen Protest gegen die Ölindustrie. Das liegt sicher auch daran, dass die Öl- neben der Fischereiindustrie die meisten Jobs bietet. Andererseits aber gehören die USA mit drei Millionen Litern pro Tag zu den Staaten mit dem höchsten Erdölverbrauch der Welt. Mindestens die Hälfte der neu gekauften Autos in den USA sind SUVs, die ein Viertel mehr Kraftstoff verbrauchen als herkömmliche PKWs. Selbst nach dem Unglück der Deepwater Horizon sprach sich nur ein Drittel der Amerikaner für weniger Bohrungen im Meer aus.[38] Jedes Jahr passiert im Golf von Mexiko mindestens ein Unfall mit Kontrollverlust über das Bohrloch. In den sechs Jahren nach der Explosion von Deepwater Horizon gab es bei Offshore-Ölbohrungen laut US-Regierung insgesamt 1066 Verletzte und weitere elf Tote, 496 Feuer und Explosionen. Bei elf Bohrungen traten mindestens 8000 Liter Öl aus.[39] Trotz neuer Sicherheitsvorschriften und Gesetzesänderungen und obwohl eine zuständige Behörde umgebaut wurde.

Abgesehen davon, dass Tiefseebohrungen selbst dann hoch riskant bleiben, wenn es strengere Sicherheitsvorkehrungen und ein besseres Katastrophenmanagement gibt: Wenn das Ziel des UN-Klimagipfels, die Erderwärmung nicht über 1,5 Grad steigen zu lassen, eingehalten werden soll, dann muss das meiste Öl, das heute noch gefunden wird, im Boden bleiben. Doch danach sieht es nicht aus.

»Das Deepwater-Horizon-Desaster zeigt die Kosten einer Kultur der Gleichgültigkeit«, heißt es im Abschlussbericht der Kommission, die US-Präsident Barack Obama mit der Untersuchung der Katastrophe beauftragt hatte. Minutiös listet das siebenköpfige Gremium auf dreihundertachtzig Seiten die haarsträubenden Fehler, das Versagen und die Versäumnisse von BP, Halliburton und Transocean sowie von Regierung und Behörden auf. Das Unglück sei »vorhersehbar und vermeidbar« gewesen: »Unsere Regierung ließ es geschehen.«

Doch die Katastrophe ist nicht nur die Geschichte eines skrupellosen Unternehmens, das Sicherheitsvorkehrungen zugunsten des Profits über Bord warf, und über die einer rücksichtslosen Regierung, die die Augen vor den Risiken verschloss. Es ist auch die Geschichte eines gefährlich naiven Vertrauens in die Technologien und der hochmütigen Fantasie, mit dieser die Natur beherrschen zu können. Die Geschichte von Deregulierung, Korruption und Lobbyismus, von der Macht von Konzernen und dem Kontrollverlust der Politik. Und es ist nicht zuletzt die Geschichte der dramatischen Folgen des unstillbaren und exorbitant wachsenden Energie-, Rohstoff- und Ölhungers kapitalistischer Gesellschaften. Denn indem diese an ihrem überbordenden Lebensstil festhalten und dafür jedes grüne Versprechen glauben, das die Industrie ihnen gibt, legitimieren sie, dass die Suche und Förderung von Öl und Gas in immer riskanteren Regionen wie Tiefsee und Arktis und mit immer gefährlicheren Technologien wie Teersandschürfungen und Fracking erfolgt.

Die Deepwater-Horizon-Katastrophe kostet BP 62 Milliarden Dollar. Darin enthalten ist die historisch höchste Strafzahlung, die ein Gericht je über ein Unternehmen verhängt hat, 20 Milliarden Dollar. Doch »steuerliche Vorteile« drücken die Kosten auf 44 Milliarden Dollar. Ein Fünftel dessen, was der Ölkonzern pro Jahr umsetzt.[40] BP-Chef Tony Hayward, der nach Deepwater Horizon die Öffentlichkeit mit seinem wehleidigen Satz »Ich will mein Leben zurück« brüskiert hat, wurde zwar noch im selben Jahr gefeuert. Allerdings mit der satten Abfindung von 1,5 Millionen Dollar und einer Pension von 17 Millionen Dollar. Heute ist Hayward im Aufsichtsrat von Glencore, einem der größten Rohstoffkonzerne der Welt, dem schwere Menschenrechtsverletzungen und Umweltzerstörung vorgeworfen werden. Hayward sitzt dort, wie könnte es anders sein, auch im Gesundheits- und Umweltausschuss.

Ein Jahr nach Deepwater Horizon zeigte BP einen Werbespot, in dem die vom Ölkonzern gesponserte Olympiasiegerin Jessica Ennis-Hill über einen weißen Sandstrand rennt. Der Sprecher aus dem Off betont, dass sich BP für »nachhaltige Rohstoffe« starkmache. »Fueling the future« ist das Motto. Die Kampagne stammt abermals von Ogilvy & Mather, die das grüne Image von Beyond Petroleum gezimmert hatten. Allerdings ist es mit den Investitionen von BP in erneuerbare Energien und einer Abkehr vom so gefährlichen wie schmutzigen und klimaschädlichen Ölgeschäft noch immer nicht weit her. Ganz im Gegenteil: Bereits ein Jahr vor Deepwater Horizon hatte BP die Investitionen in alternative Energien um beinahe 30 Prozent gesenkt. Darüber hinaus verkaufte BP Windfarmen im Wert von drei Milliarden und erhöhte die Ölproduktion um 24 Prozent. 2011 wurde BP Solar geschlossen, 2013 kündigte BP an, weitere Windanlagen zu verkaufen – als Teil ihres »fortlaufenden Bemühens, ein mehr auf Öl und Gas fokussiertes Unternehmen zu werden und die Firma für ein nachhaltiges Wachstum in Zukunft zu repositionieren«.[41]

»BPs Maßnahmen im Golf von Mexiko waren von beispiellosem Ausmaß. Wir übernahmen sofort Verantwortung für die Reinigung«, sagt BPs neuer Chef Bob Dudley in einem Video von 2011. Sein eisiger Blick kann einen frösteln lassen. »BP kann mit seinen herausragenden Fähigkeiten in schwierigen Gebieten helfen. Deswegen haben wir vor, in noch abgelegenere und komplexere Gegenden vorzudringen.«[42] Es klingt wie eine Drohung.

Sechs Jahre nach der Katastrophe investiert BP mehr als neun Milliarden in eine neue Ölplattform im Golf von Mexiko. Der Name des Projekts: Mad Dog.

»Show you're not afraid! Go shopping!«

New Yorks Bürgermeister Rudolph Giuliani
nach den Anschlägen auf das World Trade Center

III. MEHR KAUFEN UND MEER RETTEN?

Warum Kleider aus Ozeanplastik der Modeindustrie bei der Verschwendung helfen

»In jedem Jahr produziert unsere Gesellschaft rund 288 Millionen Tonnen Plastik, das sich anders als Holz, Glas, Papier oder Metall nicht zersetzt oder biologisch abbaut. Stattdessen gelangt der Plastikabfall direkt in die Weltmeere und verschmutzt und bedroht die Tier- und Pflanzenwelt«, so schreibt es nicht etwa das *Greenpeace-Magazin*, sondern die *Bunte* auf ihrer Homepage. Dass sich das Celebrity-Magazin dieser scheußlichen Kehrseite des Massenkonsums annimmt, mutet seltsam an. Schließlich predigt die *Bunte* ja im Allgemeinen weder Genügsamkeit, noch mahnt sie unser Ökogewissen. Im Gegenteil wird dort üblicherweise der verschwenderische Luxus-Lifestyle der Reichen und Schönen gefeiert – mit all seinen teuren Kleidern, Klunkern, Privatjets, Villen und Yachten; ganz so, als wäre nur diese Art von Leben erstrebenswert.

Diese Meldung der Plastikkatastrophe wird aber nicht illustriert mit verstörenden Bildern von toten Meerestieren (Plastik im Magen). Oder von Müllteppichen der Größe Mitteleuropas, die in den Weltmeeren treiben (270 000 Tonnen Plastik schwimmen dort herum).

Nein, die *Bunte* zeigt ein Foto des Popstars Pharrell Williams. Darauf trägt er seinen berühmten Vivienne-Westwood-Hut (»Stilikone«). Seit einiger Zeit darf sich der schillernde Dandy ein weiteres Label anheften: Weltretter. Denn Williams, der sonst für Neureiche Louis-Vuitton-Schmuck und -Sonnenbrillen designt, hat für das niederländische Modelabel G-Star die Linie »Raw for the Ocean« entworfen: die erste Jeanskollektion aus recyceltem Plastik – aus dem Pazifik.

Williams, der ein Vermögen von 215 Millionen US-Dollar besitzen soll und naturgemäß ein Gespür für lukrative Trends hat, ist Teilhaber der Firma Bionic Yarn. Die recycelt den Meeresmüll zu einem mit Baumwolle beschichteten Kunststoffgarn, aus dem Williams dann etwas Schönes designt. Wer sich für eine seiner angesagten »Raw-for-the-Ocean«-Jeans entscheidet, ist also kein Fashion-Victim, sondern Umweltaktivist, der qua Kauf auch noch sieben Plastikflaschen aus dem Meer herausgeangelt hat. Heißt: Je mehr von diesen Kleidungsstücken über die Ladentheke wandern, desto besser für die Umwelt. Eine frohe Botschaft für die Meere, denn die Modefirma G-Star möchte so neun der 140 Millionen Tonnen Plastik aus dem Meer holen. Und gleichzeitig 30 Prozent Baumwolle einsparen.[43] Schwuppdiwupp hat der Sänger der Optimisten-Hymne »Happy« ein Horrorszenario in eine gute Nachricht mit ästhetischem Mehrwert verwandelt und das Thema sogar *Bunte*-tauglich gemacht: Der Müll im Meer ist kein Problem mehr, sondern nützlich! Geschenkt, dass beinahe drei Viertel des Plastiks im Meer gar nicht auf der Oberfläche treiben, sondern für immer unerreichbar unter Wasser und fein zerrieben am Meeresboden liegen: Williams hat eine »Win-win-Situation« (Managersprache für »opferloses Verbrechen«) hergestellt. Derzufolge ist Recycling nicht nur die vermeintliche Lösung für die Ozeanverschmutzung. Der Müll selbst könnte so der Modeindustrie dienen: als »Lösung« für ihren unstillbaren Rohstoffhunger, als neue »nachhaltige« Ressource. Schließlich, wie Shubhankar Ray von G-Star eingestehen muss, lasse sich Baumwolle in den riesigen Mengen, wie sie Firmen heute verbrauchten, weiterhin kaum nachhaltig gewinnen.

Tatsache: Pro Jahr werden weltweit mehr als 100 Milliarden Kleidungsstücke hergestellt. Die Hälfte davon besteht aus Baumwolle. Dafür werden jährlich 26 Millionen Tonnen des Rohstoffs auf 2,4 Prozent der weltweit genutzten Äcker produziert. Während nur ein Prozent der Baumwolle ökologisch angebaut wird, sind 70 Prozent der Baumwollpflanzen weltweit gentechnisch verändert und werden mit 8000 verschiedenen Pestiziden überschüttet. Ein Viertel aller eingesetzten Insektizide und elf Prozent aller Pestizide und Herbizide werden beim Anbau von Baumwolle eingesetzt, darunter das lebensgefährliche Paraquat. Dieses chemische Unkrautbekämpfungsmittel degradiert nicht nur Böden, vergiftet Wasser und zerstört Biodiversität. Es macht die Menschen in den Anbauregionen schwer krank und führt zu tödlichen Vergiftungen. Allein im Baumwollanbau gibt es 200000 Pestizidvergiftungen im Jahr, an denen 20000 Menschen sterben.[44]

Die Herstellung eines einzigen T-Shirts verschlingt 2700 Liter Wasser, die einer Jeans sogar 8000. Die Hälfte der Baumwollplantagen wird künstlich bewässert. Welche Auswirkungen das hat, ist besonders deutlich am Aralsee in Zentralasien zu sehen. Der See, der in den sechziger Jahren noch so groß war wie Bayern, ist zu 70 Prozent ausgetrocknet. Denn die Flüsse, die den

Aralsee speisen, wurden zur Bewässerung der Baumwollplantagen in die Wüsten von Kasachstan und Usbekistan umgeleitet. Dass das ehemed viertgrößte Binnenmeer der Welt austrocknet, deshalb in mehrere Teile zerfällt und allmählich verschwindet, gilt als eine der größten vom Menschen verursachten Umweltkatastrophen. Es wurde der Textilindustrie geopfert. Nicht zuletzt deshalb gilt die Textilindustrie als drittgrößter industrieller Umweltverschmutzer.

Die Ästhetisierung des Desasters

Ausgerechnet diese Textilindustrie will nun mit ihrem schädlichen Kerngeschäft gleich zwei gigantische globale Umweltprobleme lösen. Dafür bekommt sie nicht nur von der *Bunten* Applaus. »Modemarken entdecken ihr ökologisches Gewissen«, jubelte etwa der *Stern* in einem fünfseitigen Lifestyle-Bericht mit dem Titel »Green Living« über die neue Ozeanmode, »Nachhaltigkeit und Chic sind keine Gegensätze mehr.« Auf diesen Trend sind auch andere Firmen aufgesprungen. Zum Beispiel Adidas: Der Sportartikelkonzern will aus recyceltem Meeresplastik eine Million Turnschuhe sowie Fußballtrikots herstellen. Für das Projekt arbeitet Adidas mit der Organisation Parley for the Oceans zusammen, die angibt, dafür weltweit das Meeresplastik für die Textilindustrie einzusammeln. Sie hat auch mit Pharrell Williams die »Raw-for-the-Oceans«-Linie für G-Star entwickelt. Anschließend hat Adidas für seinen Meeresturnschuh sogar den Segen der Vereinten Nationen bekommen: Im UN-Hauptquartier in New York durfte der Konzern gemeinsam mit Parley for the Oceans den Prototyp eines Meeresturnschuhs vorstellen, der aus Hochseefischernetzen aus dem antarktischen

Ozean hergestellt worden war. Popstar Williams sang eine Lobeshymne auf das Engagement von Adidas. Verständlich, bekommt doch Williams viel Geld von Adidas – als Testimonial und Designer. Für Adidas hat er die Kollektion »Originals Super Color Pack« entworfen: Turnschuhe, die in 50 (!) verschiedenen Farben erhältlich sind. Die sind allerdings genauso aus stinknormalem Plastik wie Williams' neues Modell »Signature Tennis Hu Primeknit«. Adidas bewirbt das Zeug allen Ernstes als »Hommage an die Menschlichkeit«. Das sind gewiss gute Arbeitsbedingungen für Williams, sehr gute sogar im Vergleich mit denen, die in den Zulieferfabriken des Konzerns in Asien und Mittelamerika herrschen. Die gelten nämlich als miserabel. Ja, von Hungerlöhnen ist die Rede.

Aber, ach Gott, was ist schon das bisschen Ausbeutung gegen einen so großen Verdienst an der Menschheit wie die Rettung der Weltmeere?

Das hat sich womöglich auch H&M gedacht. Der schwedische Konzern macht ebenfalls mit beim großen Ozeanretten und bietet in seiner »Conscious Exclusive Collection« ein Abendkleid aus 89 Plastikflaschen und einen Anzug aus Wolle, Kaschmir und 35 Prozent Ozeanmüll an. Etwas weniger exklusiv ging es in der Fabrik Garib & Garib zu, die in Bangladesch für H&M produzierte: Dort sind 2010 bei einem Brand 21 Menschen gestorben. Trotz vollmundiger Versprechen gibt es kaum Verbesserungen bei den 1 926 Zulieferfabriken des Konzerns, in denen 1,6 Millionen Menschen alleine für H&M schuften. Doch H&M versteht es geschickt, sich mit grünen Gimmicks als Vorzeigeunternehmen zu inszenieren – und hat seinen Umsatz binnen zehn Jahren um zehn Milliarden Euro gesteigert. Im November 2013, ein halbes Jahr nach dem Einsturz des Gebäudes Rana

Plaza nahe Bangladeschs Hauptstadt Dhaka (1 138 Tote) stellte H&M medienwirksam seine »Roadmap für einen robusten, fairen Existenzlohn« vor. Das Unternehmen verpflichtete sich, einen solchen bis 2018 den 850 000 Textilarbeiterinnen der Hauptlieferanten in Bangladesch und Kambodscha zu zahlen. Ein guter Moment, schließlich waren zu der Zeit alle Augen auf die Textilindustrie gerichtet – und H&M, der größte Einkäufer der Textilindustrie in Bangladesch, konnte aufatmen: Glücklicherweise hatte die Firma keine Aufträge in der Katastrophenfabrik platziert. Allerdings legt sich H&M bis heute nicht fest, wie hoch dieser Existenzlohn überhaupt sein soll.[45] Das kritisiert die Kampagne für Saubere Kleidung. Nicht einmal für ein kambodschanisches Partnerschaftsprojekt, an dem die Internationale Arbeitsorganisation (ILO) und eine schwedische Gewerkschaft beteiligt sind, habe H&M messbare Resultate vorgelegt.[46] Die Kampagne für Saubere Kleidung hat außerdem 2016 die Arbeitsbedingungen in H&Ms »Best-in-Class«-Zulieferern in Kambodscha untersucht. Ergebnis: In keiner der Fabriken, die laut H&M vorbildlich produzieren, hielt der Billigkonzern die eigenen Nachhaltigkeitsrichtlinien ein. Nirgends wurde den Arbeiterinnen ein Lohn bezahlt, von dem sie hätten leben können.[47] Im Februar 2017 erschien eine Untersuchung der niederländischen NGO SOMO über die Arbeitsbedingungen im vom Militär kontrollierten Myanmar. Dort fand SOMO bei H&M-Zulieferern Näherinnen, die kaum 14 Jahre alt waren. Und selbst der an sich schon grotesk niedrige staatliche Mindestlohn von 2,48 Dollar pro Tag sei oft nicht gezahlt worden.[48]

Auch das Brandschutzabkommen (Accord Bangladesh), obwohl verbindlich, setzte H&M (einer von 200 Unterzeichnern) in den Zulieferfabriken in Bangladesch nur schleppend um. Die

Kampagne für Saubere Kleidung ließ 32 H&M-Zulieferfabriken in Bangladesch überprüfen, die eine sogenannte Platin- und Goldpartnerschaft mit H&M haben. Die wird laut Konzern Fabriken gewährt, die besonders nachhaltig und sozial produzieren. Allein in diesen Fabriken fand die Kampagne für Saubere Kleidung 518 Mängel bei der baulichen Sicherheit, 836 Mängel beim Brandschutz und 650 Mängel bei der elektrischen Sicherheit. Dabei hatte H&M im Nachhaltigkeitsbericht 2014 und auf der Webseite damit geworben, alle Maßnahmen zur Gebäude- und Brandschutzsicherheit fristgerecht durchgeführt zu haben.

Schon lange brüstet sich H&M damit, als erstes Unternehmen das Brandschutzabkommen unterzeichnet zu haben. Was aber gar nicht stimmt: Tchibo war 2012 der erste Unterzeichner. H&M hatte sich sogar jahrelang hartnäckig geweigert, dem Abkommen beizutreten,[49] und unterschrieb erst auf öffentlichen Druck hin und nach der Katastrophe von Rana Plaza – im letzten Moment vor Ablauf des Ultimatums, das NGOs wie die Kampagne für Saubere Kleidung gestellt hatten.[50]

Wenn man etwas nur oft genug wiederholt, wird es schließlich als Wahrheit akzeptiert. So simpel funktionieren Lügen seit jeher. Und auch die Ozeanrettung der Modeindustrie ist nichts weiter als eine grüne Lüge: denn zum einen machen die Meeresturnschuhe nur ein halbes Prozent aller jährlich von Adidas hergestellten Kunststofftreter (mehr als 300 Millionen) aus. Bei H&M ist nur ein mageres Prozent des Angebots aus wiederverwerteten Materialien. Zum anderen ist die Wahrheit ja schlicht, und jeder kennt sie: Der Vermüllung der Meere und den ökologischen und sozialen Verheerungen der Textilindustrie könnte dann Einhalt geboten werden, wenn weniger Kleider und weniger Plastik hergestellt, konsumiert und weggeworfen würden. Sehr viel weniger.

Die einzige glasklare Verbindung zwischen Müll und Mode aber ist diese: Mode ist vergänglich. Der Plastikabfall nicht. 500 Jahre lang nicht. Jede neue Zwischenkollektion ist Meeresmüll von morgen.

Modemarken produzieren in immer kürzeren Abständen neue Trends; in der Regel minderwertige Kopien von Designerstücken, die man zuvor auf den Laufstegen von Paris und Mailand gesehen hat. Weil sie billig sind, werden sie massenhaft gekauft – und massenhaft entsorgt. Und das immer schneller. Marktführer der sogenannten Fast Fashion wie H&M oder Zara bieten heute zwischen zwölf und 24 verschiedene Kollektionen pro Jahr an. Es hat die Produktion immens beschleunigt, dass alle zwei Wochen neue Kleider, Blusen, Jacken, Hosen und T-Shirts in ihren Läden hängen: Früher dauerte es zwei bis drei Monate vom Entwurf eines Kleidungsstücks bis zum Vertrieb im Laden. Heute sind es knapp zwei Wochen. Das setzt die Zulieferfabriken unter enormen Druck, der ganz unten, bei den Näherinnen, ankommt: Sie werden zu unbezahlten Überstunden gezwungen und misshandelt, Gewerkschaften werden behindert. Löhne, von denen man leben könnte, und Investitionen in gute und sichere Fabriken sind mit der Fast Fashion nahezu unmöglich, wenn man weiß, dass die Lohnkosten pro Kleidungsstück (egal ob billig oder teuer) bei einem Prozent liegen, während die Hälfte des Preises in Gewinne der Modemarken und des Einzelhandels fließt und ein Viertel in die Werbung.

Greenpeace spricht vom »Konsumkollaps« durch Fast Fashion:[51] Es sind mehr Kleider im Umlauf, als die Weltbevölkerung jemals wird tragen können. Alleine wir Deutschen kaufen im Schnitt 60 Klamotten pro Jahr, ziehen diese aber nur noch halb so lang an wie vor 15 Jahren. Von den 5,2 Milliarden Kleidungsstücken, die in deutschen Schränken hängen, werden 40 Prozent selten oder nie genutzt. Wir Deutsche werfen jährlich 1,3 Millionen Tonnen Kleidung weg. Drei Viertel davon landen bei Textilverwertern, etwa die Hälfte wird geschreddert und zu Putzlumpen oder Dämmmaterial verarbeitet. Zu mehr taugt die billige Wegwerfware nicht mehr.

4,3 Millionen Tonnen Altkleider werden weltweit gehandelt. Zu den führenden Exporteuren gebrauchter Textilien gehören die USA, Deutschland, Großbritannien, Japan, die Niederlande, Belgien, China und Frankreich. Doch der Secondhandmarkt ist genauso verstopft wie die Kleiderschränke. Deshalb wehren sich die Länder des Südens dagegen, dass ihnen der Modeschrott aufgedrängt wird: 42 Länder vor allem in Afrika, Asien und Südamerika haben den Import von Altkleidern eingeschränkt oder ganz verboten – um ihre lokale Textilproduktion zu schützen.

Unsere Verschwendung ist nur möglich, weil die Modeindustrie genau auf das Material setzt, vor dem sie uns neuerdings angeblich retten möchte: Plastik. Zwei Drittel aller hergestellten Kleidungsstücke enthalten Polyester. Die Kunststofffäden sind billig und jederzeit in großen Mengen verfügbar. 60 Millionen Tonnen Chemiefasern werden jedes Jahr aus Erdöl hergestellt, der Großteil davon, 80 Prozent, ist Polyester. Zwischen 2000 und 2016 ist die Verwendung von Polyester für Textilien weltweit um 157 Prozent von acht auf rund 21 Millionen Tonnen gestiegen. Das hat dazu geführt, dass sich die Textilproduktion alleine zwischen 2000 und 2014 fast verdoppelt hat. Gleichzeitig ist der Umsatz der Bekleidungsindustrie auf 1,8 Billionen Dollar gewachsen.

»Der Einsatz von Polyester hat den Aufstieg von Fast-Fashion-Ketten wie H&M überhaupt erst möglich gemacht«, sagt Alexandra Perschau, Textilexpertin bei Greenpeace. Für die Meere ist das eine Katastrophe: Bei jedem Waschgang werden aus Plastikfasern Mikropartikel gespült, die von Kläranlagen kaum herausgefiltert werden können. 1,53 Millionen Tonnen Mikroplastik gelangen jedes Jahr in die Ozeane. Die Weltnaturschutzorganisation IUCN hat berechnet, dass 35 Prozent davon ausgewaschene Fasern aus synthetischen Kleidungsstücken sind. Solches Mikroplastik wird logischerweise auch aus der Meeresmode gewaschen, weshalb sie schlussendlich dafür sorgen wird, dass mehr, nicht weniger Plastik in den Ozeanen herumtreiben wird. Einmal ganz abgesehen davon, dass es unglaublich viel Energie verbraucht, um PET-Flaschen überhaupt zu recyceln., Das passiert vor allem in Asien, wohin sie per Schiff aus Europa und Amerika geliefert werden.

Grüne Daniel Düsentriebe als letzte Hoffnung

Die beste Ozeanjeans ist also die, die gar nicht erst hergestellt wird. Diese banale Erkenntnis taugt kaum für spektakuläre Weltrettungserzählungen, wie Unternehmen sie benötigen. Im kapitalistischen Wachstumsdiktat, dessen Motor die Verschwendung ist, ist Verzicht nicht vorgesehen: Denn nur wenn viel weggeworfen wird, wird auch viel gekauft.

Und so ist das Konzept der Ozeanmode mehr als nur Greenwashing: Es ist ein Paradebeispiel für die Ideologie der Green Economy. Dahinter verbirgt sich die Idee, Wachstum und Naturzerstörung mithilfe von sogenannten neuen Technologien voneinander zu »entkoppeln« – in der Annahme, dass dieses

Entkoppeln funktioniert, als wären die guten und die schlechten Effekte des Kapitalismus wie Lokomotive und Waggon, die man mit den richtigen Handgriffen einfach voneinander trennen könnte. Als könnte man jemandem etwas wegnehmen und durch »Entkopplung« dafür sorgen, dass er trotzdem nicht weniger hat. Nur durch diese Augenwischerei kann man ein System, das wesentlich auf Ausbeutung und Naturzerstörung fußt, für eigentlich völlig in Ordnung erklären. Und so tun, als müsste man nur »Auswüchse« oder »Fehlentwicklungen« innerhalb des bestehenden Systems korrigieren.

Diese »Versöhnung von Ökologie und Ökonomie« ist mittlerweile politisches Programm in vielen OECD-Ländern geworden: Das Umweltprogramm der Vereinten Nationen legte 2008 den »Green Economy Report« vor. Das Konzept des Grünen Wachstums als letzte Hoffnung wurde auch auf der Nachhaltigkeitskonferenz 2012 in Rio verhandelt. Die Organisation für wirtschaftliche Zusammenarbeit und Entwicklung (OECD) propagiert es ebenso wie die Europäische Union, die 2010 einen Plan zum »nachhaltigen Wachstum« ersann – und auch die deutsche Bundesregierung hat, so diese, das »Leitbild der Green Economy als international wettbewerbsfähige, umwelt- und sozialverträgliche Wirtschaft« übernommen.

Nicht die Verschwendung an sich ist demzufolge das Problem, sondern die fehlende Zaubertechnik, die die Zerstörung in Wohltaten für die Welt verwandelt, wenn grüne Daniel Düsentriebe sie nur bald entwickeln.

Zu diesen grünen Hexenmeistern gehören der Verfahrenstechniker Michael Braungart und der amerikanischen Designer William McDonough. Sie haben das »Cradle-to-Cradle«-Prinzip erfunden. Das heißt übersetzt »von der Wiege bis zur Wiege«, statt »cradle to grave«, also »von der Wiege bis zur Bahre«: Mit diesem Namen insinuieren sie, dass alle Produkte nach ihrer Nutzung wieder vollständig in den Stoffkreislauf zurückkehren könnten, in »intelligenten« technischen und biologischen Kreisläufen. Der Mensch solle sich nicht mehr als Schädling verstehen, sondern als Nützling, der mit seinem überbordenden Konsumverhalten etwas Sinnvolles tut.

Michael Braungart ist in den Medien ein beliebter Interviewpartner, verbreitet er doch die von westlichen Mittelschichten gern gehörte Botschaft, dass wirtschaftliches Wachstum und Hyperkonsum nicht nur völlig unproblematisch sind, sondern sogar gut für die Welt. Kein Verzicht, keine Einschränkungen und ein Ende der Schuldgefühle, das ist Braungarts Devise – und die klingt doch gleich viel besser als das schlechte Gewissen, das einem Umweltschützer machen, wenn sie zu Einschränkung und Verzicht aufrufen. Aber natürlich ist Wachstum immer verbunden mit Rohstoff- und Energieverbrauch, egal, wie »innovativ« oder »intelligent« man produziert. Beides ist nicht ohne Naturzerstörung zu haben. Wäre eine Entkopplung wirklich möglich, wäre dies ein echtes grünes Wunder: nämlich das des Perpetuum mobile.

Braungart hat zum Beispiel essbare Flugzeugsitzbezüge entwickelt. Ebenfalls nach dem Cradle-to-Cradle-Prinzip bietet die Billigmodekette C&A ein kompostierbares T-Shirt aus Biobaumwolle an, das man im Biomüll entsorgen soll oder zumindest kann. Damit will C&A »beweisen, dass auch der Massenmarkt nachhaltig sein kann«. Das »nachhaltigste T-Shirt der Welt« (C&A) ist also eines, das man mit gutem Gewissen immer wieder neu kaufen und wegwerfen kann. Kostet ja auch nur sieben Euro.

Die Mikrobiologin Anke Domaske hatte ebenfalls eine tolle Idee: Sie stellt kompostierbare Kleider aus Fasern her, die aus, Achtung: Milch gemacht werden. Dafür werde nur Milch verwendet, die nicht für den menschlichen Verzehr geeignet sei: Molkereiabfälle, Kolostralmilch von Kühen nach dem Kalben und abgelaufene Milch aus dem Supermarkt. Davon fallen in Deutschland jedes Jahr zwei Millionen Tonnen an. Was für eine Verschwendung! Die Gründerin des Start-ups QMilch hat prompt großen Beifall und viele schöne Preise bekommen.

Aber natürlich gibt es diese riesigen Mengen »Abfallmilch« nur deshalb, weil viel zu viel Milch hergestellt wird: Kein Land in Europa produziert davon so viel wie Deutschland. Dafür werden Kühe systematisch misshandelt und ausgebeutet (deren Kolostralmilch, die so wichtig für das Kalb wäre, nur deshalb weggeschüttet wird, weil der Kuh ihr Kalb nach der Geburt entrissen wird, damit sie nicht für Kälber, sondern für den menschlichen Konsum Milch gibt); Bauern treibt der niedrige Milchpreis in Schulden und Ruin.[52] Die Massenproduktion von Milch sorgt an anderer Stelle der Welt dafür, dass Regenwälder und Savannen zerstört werden und Indigenen brutal das Land geraubt wird, damit auf den Feldern genmanipuliertes Soja wachsen kann. Das wird dann an jene Kühe verfüttert, die in immer größeren Massenställen nach wenigen Jahren Ausbeutung vollkommen erschöpft und krank beim Schlachter landen.

Wird dieses Elend auch nur einen Deut besser, wenn am Ende einer langen Kette der Zerstörung Kleider entstehen, die sich wie Seide anfühlen, und, wie schön, gleichzeitig die Haut pflegen? So wird die Katastrophe nicht nur ästhetisiert, sondern auch noch legitimiert.

Die technologische Übersprungshandlung der essbaren Flugzeugsitzbezüge von Michael Braungart wiederum kaschiert geschickt, dass es nicht das größte Problem des wachsenden
Flugverkehrs ist, dass man die Flugzeugsitzbezüge nicht essen
kann – sondern dass Fliegen die klimaschädlichste und ressour-
cenintensivste Art der Fortbewegung überhaupt ist. Bezeichnen-
derweise befinden sich diese Sitzbezüge in der Ersten Klasse des
Langstreckenflugzeugs Airbus A380. Die meisten Vielflieger wiederum wählen, welche Ironie, ausgerechnet die Grünen.[53]

Begrünte Verschwendungskultur

Es ist nicht zuletzt solchen gut gelaunten Quatscherfindungen zu
verdanken, dass viele Menschen gar nicht merken, »dass sie ak-
tive Teile der Kultur sind, die permanent ihren Ressourcenverbrauch erhöhen, obwohl sie ihrem Selbstbild nach längst ›grün‹,
›nachhaltig‹ oder ›klimabewusst‹ sind«, schreibt Harald Welzer
in seinem Buch *Selbst Denken* über die »begrünte Verschwen-
dungskultur«. Tatsächlich haben vor allem jene Milieus mit der
besten Bildung, einem guten Einkommen und dem höchsten Um-
weltbewusstsein gleichzeitig den höchsten Ressourcenverbrauch.
Solche grünen Hedonisten sind es auch, die sich für pragmatische, marktbasierte und technische Weltrettungsideen besonders begeistern. Sie wähnen sich mit derlei Gadgets gern an der
Spitze der Avantgarde. Sie hören auch am liebsten, dass westlicher Wohlstand trotz schwindender Ressourcen möglich ist.
Und solange man daran glauben kann, dass es für jedes Problem
eine technische Lösung gibt, auf die Kreative, Großkonzerne
oder Wissenschaftler eines Tages genauso kommen werden wie
auf die Erkenntnis, dass die Erde keine Scheibe ist, dann muss

sich strukturell nichts ändern. Alles darf so weitergehen wie bisher, wir sind nur einen Quantensprung davon entfernt, das Unmögliche möglich zu machen. Dass »der Menschheit« doch immer etwas eingefallen sei, um die selbst produzierten Probleme zu lösen, das ist wohl das wirkmächtigste Märchen, das der grüne Kapitalismus erzählt.

Doch, um einmal ganz naiv zu fragen, wer ist »die Menschheit«? »Die Menschheit« gibt es so ja gar nicht. Begrifflich ist sie eine Konstruktion aus der Theorie des Anthropozäns. Dieser Begriff beschreibt das gegenwärtige Erdzeitalter, in dem der Mensch zum wichtigsten Einflussfaktor der biologischen, geologischen und atmosphärischen Prozesse auf der Erde wurde. Für diese Epoche brachte als Erster der niederländische Nobelpreisträger, Chemiker und Meteorologe Paul Crutzen im Jahr 2000 den Begriff des Anthropozän ins Spiel. 2016 plädierten Wissenschaftler auf dem Internationalen Geologischen Kongress im südafrikanischen Kapstadt dafür, den Begriff des »Zeitalters des Menschen« einzuführen. Schließlich sei der Einfluss des Menschen seit der Industrialisierung global nachweisbar und teilweise unumkehrbar. Der Anthropozän-Begriff solle »zum Handeln motivieren und den unzureichenden Bemühungen zur Bekämpfung des Klimawandels Auftrieb verleihen«, so die Wissenschaftler. Allerdings blendet der Begriff völlig aus, dass es eben nicht »die Menschheit« ist, die da auf der Welt brandschatzt und plündert. Sondern ein winziger Teil der Weltbevölkerung in den kapitalistischen Zentren des globalen Nordens, der mit seinem immensen Rohstoff- und Energieverbrauch über die Verhältnisse der Menschen in den Ländern des globalen Südens lebt. Zwei Drittel der Weltbevölkerung leben ja noch nicht einmal in einer

Industriegesellschaft. Und es sind auch nicht erst die »künftigen Generationen« oder »unsere Enkel«, die die Folgen tragen. Sondern jetzt und jede Sekunde die Menschen in den Ländern des Südens, die unter Armut, Hunger, Landraub, Klimawandel, Krieg und Krisen sowie dem Verlust der biologischen Vielfalt leiden.

Imperiale Lebensweise als DNA der Gesellschaft

Eigentlich wissen doch die meisten ganz genau, dass es nicht weitergehen kann wie bisher, oder ahnen es zumindest. Warum glauben so viele, dass man drängende Probleme aussitzen könnte, bis grüne Tüftler oder Unternehmen alle retten? Ist das nur naiv? Ein Ohnmachtsgefühl? Oder ist es Zynismus, und die kapitalgetriebenen Gesellschaften des Nordens haben sich mit dem Elend der Welt abgefunden und betreiben nur noch Besitzstandswahrung?

Eine Antwort darauf geben Ulrich Brand, Professor für internationale Politik in Wien, und Markus Wissen, Professor für Gesellschaftswissenschaft an der Hochschule für Wirtschaft und Recht in Berlin, in ihrem Buch *Imperiale Lebensweise*.[54] Der Begriff beschreibt, dass der Alltag in den wohlhabenden Ländern schon seit dem Kolonialismus dadurch geprägt sei, dass systematisch und in überproportionalem Umfang auf billige Ressourcen und billige Arbeitskräfte in anderen Regionen der Welt zurückgegriffen wird, damit wir einen Lebensstandard erreichen können, den wir als normal betrachten. Dessen ökologische und soziale Kosten aber werden ausgelagert. Wie wir produzieren und konsumieren, unsere imperiale Lebensweise also, sei tief in das allgemeine Bewusstsein, die alltäglichen Verhaltensweisen und die gesellschaftlichen Prägungen der Menschen eingeschrieben. Dadurch erscheint uns der Zusammenhang rational, normal und »natürlich«. Normierung heißt, dass Verhältnisse nicht mehr wahrgenommen werden oder sogar legitim erscheinen. Vor allem, wenn alle so handeln: viel Fleisch essen, viel Auto fahren und fliegen, viele Klamotten und ständig neue, noch weiter entwickelte Smartphones und Computer, alles zu jeder Zeit und möglichst billig – das ist die DNA unserer Gesellschaft. Auch weil die ökologischen und sozialen Kosten unsichtbar sind. »Wir externalisieren, weil wir es können: weil gesellschaftliche Strukturen uns dazu in die Lage versetzen, weil die allgemeine Praxis um uns herum uns darin bestätigt«, schreibt Stephan Lessenich in seinem Buch *Neben uns die Sintflut*.

Deshalb erscheint die imperiale Lebensweise auch als das »gute« und »richtige« Leben; sie ist breit akzeptiert und erwünscht. Und wollen nicht die Länder des Südens ganz genauso werden »wie wir«? »Holen« einige von ihnen nicht schon »zu uns auf«?

Es ist dieser Mythos der sogenannten Entwicklung der anderen, der das kapitalistische System moralisch stabilisiert und die Gesellschaft gleichzeitig entlastet. Aber »die imperiale Lebensweise beruht auf Exklusivität, sie kann sich nur so lange erhalten, wie sie über ein Außen verfügt, auf das sie ihre Kosten verlagern kann. Sie setzt voraus, dass andere auf ihren Anteil verzichten«, schreiben Brand und Wissen. Die imperiale Lebensweise ist nicht nur ein Ergebnis des Kapitalismus, sie ist seine Voraussetzung. Sie ist hegemonial. »Hegemonie« beschreibt die politische, wirtschaftliche oder auch kulturelle Vorherrschaft in einem Land, einem Staate, einer Institution oder einem System über andere. Jene anderen gilt es davon zu überzeugen, dass etwas ihren Interessen dient, anstatt sie mit Gewalt oder

Einschüchterung zu etwas zu veranlassen. Hegemonie bestehe also nicht aus Zwang, sondern aus Konsens. So beruhe auch die imperiale Lebensweise, so Brand und Wissen, »auf einer Art gesellschaftsstabilisierendem Kompromiss zwischen den Interessen der Herrschenden und breiteren Schichten der Bevölkerung«.

Konsum statt Solidarität

Diesem Kompromiss ist auch die Idee geschuldet, man könne innerhalb des Systems und mit bereits etablierten Handlungsmustern etwas ändern, sprich: weiter konsumieren, aber eben »ethische« Produkte. Die sogenannte Konsumentendemokratie, in der nicht mehr der Bürger mit Widerstand und Protest Änderungen in der Politik bewirkt, sondern der Konsument seinen Geldschein als Wahlzettel begreift, mit dem er an der Ladenkasse abstimmt, entspricht wiederum passgenau der neoliberalen Ideologie der Ausweglosigkeit und Eigenverantwortung. In einer Gesellschaft, in der jeder seines Glückes Schmied zu sein hat, wird der Einzelne durch Anpassung und Selbstoptimierung ebenfalls zum Produkt, das auf dem Markt mit anderen Individuen konkurriert. Der Neoliberalismus verspricht uns Freiheit, meint aber nur die individuelle Wahlfreiheit beim Shopping – auch und gerade zum Zwecke der Weltrettung. Das grüne TINA-Prinzip (There Is No Alternative) des »ethischen Konsums« führt jedoch weder zu sozialen Bewegungen noch zu Protest: Denn erstens wird aus einzelnen Einkaufsentscheidungen zwischen verschiedenen vermeintlich grünen Massenprodukten kein kollektives Ganzes, sondern höchstens ein privates gutes Gewissen. Zweitens tötet es jede Solidarität, wenn der Einzelne in einen moralischen Wettbewerb gegen den Nächsten geschickt wird, in dem der »gute« auf den »bösen« Verbraucher zur eigenen moralischen Erhebung mit dem Finger zeigt.

»What are you doing to my oceans?« Dieser Satz prangt auf einem der Meeres-T-Shirts aus der G-Star-Kollektion »Raw for the Ocean,«. Die Botschaft: *Du* bist der Zerstörer, *ich* der Retter! Die schöne Geschichte der Ozeanmode adelt ihren Träger, sie dient ihm als »kleiner Unterschied« zum Distinktionsgewinn und zur Selbstveredelung. Doch letztlich ist es nur ein Ablasshandel: Mit dem T-Shirt kauft er sich das Recht aufs Dreckmachen, während er sich selbst als Meeresaktivist inszenieren kann, wann immer er das T-Shirt trägt. Es macht ihn zum »Shareholder der Revolution«. Der Begriff stammt aus dem Roman *RLF* von Friedrich von Borries. RLF ist die Abkürzung für das berühmte Zitat »Es gibt kein richtiges Leben im falschen« aus Theodor W. Adornos *Minima Moralia*. Von Borries erzählt in seinem Roman von einem Zirkel aus Werbern, Trendscouts, Künstlern und Aktivisten, die den Kapitalismus mit seinen eigenen Waffen schlagen wollen – nämlich mit Glamour und den Mitteln der Werbung. Mit Kunstwerken, die anspruchsvollen Konsumenten gefallen sollen, wollen sie Geld einsammeln, um damit eine Insel des richtigen Lebens im falschen aufzubauen. Die »RLF-Produkte«, so die Konsumrevoluzzer im Roman, machten den Käufer zum »Shareholder der Revolution«.

Aber es gibt kein richtiges Einkaufen im falschen Weltwirtschaftssystem. Denn der Kapitalismus lässt sich nicht mit seinen eigenen Waffen schlagen. Er inkorporiert alles, selbst Protest und Kritik. Er macht sie zur Ware, konsumierbar und stärkt sich damit selbst. Ein »Shareholder der Revolution« kann nur aus einem Angebot auswählen, das von anderen ausgedacht, gefertigt und bereitgestellt wird. Das ist nicht emanzipatorisch, sondern passiv. Es ist keine Handlung, keine Aktion, sondern schlicht eine Reaktion. Eine verdammt einsame Angelegenheit.

»Das ist der bösartigste und schädlichste Teil der grünen Konsumbewegung: Sie verstärkt die Idee, man sei nur eine einzelne Person«, sagt Raj Patel. Für unseren Film haben Werner Boote und ich den konsumkritischen Buchautor, Forschungsprofessor an der University of Texas und Mitbegründer der Anti-Globalisierungsbewegung in Austin getroffen. »Viele Menschen sagen heute: Ich bin nur eine einzelne Person, was kann ich tun? Das zeigt, dass man derart von der eigenen Wirkungsmacht getrennt ist, dass man nicht mehr sieht, dass man nicht alleine ist.«

Vor allem dann nicht, wenn man im Supermarkt ständig auf sein Smartphone starrt, um die vermeintlich richtigen Einkaufsentscheidungen zu treffen. Zu diesem Zwecke gibt es Apps, mittels derer man Produkte einscannen kann. Auf dem Display erscheinen Preisvergleiche, Gesundheits-, Ethik- und Ökoinformationen über Produkt und Hersteller. Diese Apps bewerten Nachhaltigkeitssiegel, zeigen regionale Produktion an, erklären E-Nummern, sagen, welcher Fisch überfischt ist und wo man den nächsten Laden mit ökokorrekter Mode findet. Man kann so seinen eigenen ökologischen Fußabdruck berechnen oder sehen, wie viele Sklaven für den eigenen Lifestyle schuften. So kann der Konsument entscheiden, wie sehr das Produkt mit seinen persönlichen Moral- und Preisvorstellungen übereinstimmt. Es gibt sogar eine App namens EcoChallenge, mittels derer man für nachhaltiges Handeln im Alltag Punkte sammeln und mit anderen »EcoChallengern« weltweit messen kann. Doof bloß, dass diejenigen, die den geringsten ökologischen Fußabdruck haben, bei diesem Wettbewerb nicht mitmachen können. Sie können sich so ein technisches High-End-Gerät aus dem »unterhaltungsindustriell-militärischen Komplex« (von Börries) erst gar nicht leisten, ja haben nicht einmal genug zu essen, weil sie, nur zum Beispiel, in den Ländern des Südens als ebensolche Sklaven zu Hungerlöhnen die Rohstoffe aus der Erde kratzen, die dann im Taschencomputer verbaut werden. In einem einzigen Smartphone sind rund sechzig Rohstoffe aus bis zu hundert Minen verarbeitet, darunter die Konfliktmineralien Gold, Tantal, Wolfram und Zinn, die bewaffnete Konflikte in Afghanistan, der Demokratischen Republik Kongo, Kolumbien, Myanmar und Zimbabwe finanzieren. Fast ein Drittel aller Menschenrechtsverletzungen weltweit werden laut dem Flüchtlingshilfswerk UNHCR im Bergbau begangen. Aber selbst die wahnwitzigsten Auswüchse des grünen Konsumterrors werden nicht kritisiert, sondern zelebriert. Unter dem warmen Mäntelchen des moralischen Kapitalismus lösen sich Widersprüche in Wohlgefallen auf, Konflikte in Harmonie und Schuld in gutes Gewissen.

Elend als Ware

So lässt sich dann mit ein bisschen Kreativität auch aus der größten Katastrophe noch etwas Positives ziehen. Zum Beispiel aus gestrandeten Schlauchbooten, die Geflüchtete übers Mittelmeer transportiert haben. Das Berliner Start-up Mimycri näht aus diesen Gummibooten gemeinsam mit Geflüchteten Designertaschen, die ab hundert Euro aufwärts zu haben sind. Das klingt wie eine Provokation der politischen Aktivistengruppe Yes Men oder des Zentrums für politische Schönheit, die mit derlei Aktionen den Zynismus von Konzernen, Institutionen, Politik und Gesellschaft offenlegen. Doch die Mimycri-Gründerinnen, UN-Mitarbeiterin Vera Günther und Unternehmensberaterin Nora

Azzaoui, meinen es ernst. Man kann ihnen sicher nicht vorwerfen, dass sie abgefeimte Geschäftsfrauen wären, denen jedes Mittel recht wäre, Profit zu machen – denn mit ihrem Start-up verdienen sie (noch) gar nichts. Beide haben sich auf der griechischen Insel Chios engagiert, haben Geflüchtete, die dort mit jenen Gummibooten ankamen, mit Kleidung versorgt und den Strand aufgeräumt. Sie haben Waschmaschinen angeschafft und die herumliegende Kleidung gereinigt, damit man keine Billigklamotten anschaffen muss, die an anderer Stelle wieder für Leid sorgen. Blieben noch die Schlauchboote übrig: »Wir haben uns schon die ganze Zeit am Strand gedacht, was für ein robustes Material das doch ist und wie schade es ist, das einfach so wegzuwerfen«, sagt Vera Günther. So entstand die Idee, daraus Taschen zu machen. Klingt wie die politische Variante der Ozeanjeans: Man wolle »ein Alltagsprodukt schaffen, das eine Geschichte mit sich trägt. Was macht das mit dir, wenn du das Material anfasst, was bedeutet das?«

»It's time to write a new story«, lautet das Motto des Berliner Start-ups Mimycri. Aber welche andere und neue Geschichte gäbe es da zu erzählen als diese, dass zwischen 2000 und 2014 mindestens 23 000[55] Geflüchtete im Mittelmeer ertrunken sind und immer weitere ertrinken – allein 2016 mehr als 5 000 –, weil Europa sie verrecken lässt, um den eigenen Wohlstand zu schützen? Dass die EU ihre Außengrenzen zu Wehranlagen ausbaut und dazu mit Despoten und Kriegsverbrechern kooperiert, statt legale und sichere Fluchtwege einzurichten? Dass also der globale Norden auf Kosten des Südens lebt, sich das Elend aber mit Gewalt vom Hals hält?

»Natürlich sind wir nicht einverstanden mit dem, was im Mittelmeer passiert«, sagt Vera Günther, »wir wollen aber kreative Lösungen finden, auch daraus etwas Gutes schaffen zu können.«[56]

Das ist in diesem Fall »eine Mischung aus Integrations- und Upcyclingsprojekt mit einem designhistorischen Ansatz«. Hier werden gleich drei Fliegen mit einer Klappe geschlagen: Die Strände sind sauber, Geflüchtete ernähren sich mit den Taschen praktisch selbst, und der Konsument hat ein exklusives Produkt, mit dem er sich – ganz ohne Hand anzulegen – als Flüchtlingshelfer fühlen kann. Ein makabrer Pragmatismus. Denn ob gewollt oder nicht: Es macht das Leid erträglich, wenn es als schicke Designertasche daherkommt, besonders, wenn die von Geflüchteten selbst genäht wird. Das Elend wird zur Ware. »Wir tun das, was wir können – und wollen so ein politisches Statement auf eine andere Art und Weise kommunizieren, völlig ohne erhobenen Zeigefinger. Wir wollen damit auch unser eigenes Ohnmachtsgefühl bekämpfen«, sagt Günther. Und Unternehmensberaterin Nora Azzaoui wünscht sich, dass »Kenntnisse und Tricks aus dem Feld der Unternehmensberatung viel öfter auch auf soziale Themen« übertragen würden. Darum hat das Unternehmen auch prompt einen Integrationspreis der neoliberalen Hertie-Stiftung bekommen.

Die grüne Konsumeuphorie ist nicht nur antiaufklärerisch, sondern un- bis antipolitisch. Denn sie verwandelt wichtige gesellschaftliche Fragen, wie wir gut und gerecht auf diesem Planeten zusammenleben können, in eine rein ökonomische und technische Angelegenheit. So verkommt Weltrettung zum kreativen Ideenwettbewerb, der sich in einem Mosaik vieler schöner Geschichten niederschlägt, die allesamt den Eindruck erwecken: Es wird endlich alles gut.

Wo retten sie bloß?

Eigentlich wollten Werner Boote und ich für unseren Kinofilm *The Green Lie* der Mode aus Meeresplastik auf den Grund gehen. Plastik ist gewissermaßen Werner Bootes Lebensthema: Nicht nur, dass sein Großvater in den sechziger Jahren Geschäftsführer von Interplastik Deutschland war. An seinem preisgekrönten Dokumentarfilm *Plastic Planet* (2009) hat er beinahe zehn Jahre lang akribisch gearbeitet. Er hat mit Experten auf der ganzen Welt gesprochen, mit Aktivisten Strände von Plastik gesäubert und es aus dem Meer gefischt, hat sich durch 700 Studien gewälzt, Bisphenol A in seinem Blut nachweisen lassen und mit Familien ihre Häuser von Plastik befreit. Für unseren Film wollen wir mit den Machern der Ozeanmode sprechen, wollen sehen, wie die Plastikfäden hergestellt werden oder wie der Müll aus dem Meer gefischt wird. Eigentlich, dachten wir, sollte das ganz einfach sein. Der Film *Plastic Planet* ist mittlerweile weltbekannt, und die Macher der Meeresmode sind Medienrummel gewohnt.

Aber niemand will uns treffen. Über Monate hinweg versuchen wir, überhaupt Kontakt zu bekommen. Über das Management von Pharrell Williams, bei G-Star, bei der Firma Bionic Yarn, die die Plastikfäden herstellt, bei Return Textiles, bei Parley for the Oceans, bei Sea Shepherd. Fast zwanzig Leute, die damit zu tun haben, versuchen wir immer wieder über E-Mail, Telefon, Facebook und Kontaktseiten auf den diversen Homepages zu erreichen. Von den allermeisten bekommen wir nicht einmal eine Antwort. Die wenigen, die überhaupt reagieren, sagen uns ab. Seltsam. Wir beschließen, bei unseren Dreharbeiten in den USA zumindest die Firma Return Textiles in New York aufzusuchen, auf deren Anschrift wir nach langer Suche gestoßen waren.

Der Weg führt uns nach Piermont, einem beschaulichen Örtchen dreißig Kilometer von Manhattan entfernt an der Westküste des Hudson River. Allerdings endet er nicht in einem Industriegebiet, wo wir die Fabrik vermuten, sondern auf einem Hügel, der mit kleinen villenartigen Holzhäusern übersät ist. Werner klingelt an der Tür des Privathauses, das unter der Adresse angegeben ist – und es öffnet Tim Coombs. Er hat Return Textiles und Bionic Yarn mitgegründet; mehrfach haben wir versucht, jemanden bei den Firmen zu erreichen. Nie haben wir eine Antwort erhalten. Und wieder will Coombs nicht mit uns sprechen. Er bittet uns um eine weitere E-Mail, die gefühlt hundertste. Er vertröstet uns daraufhin so lange, bis wir längst wieder zu Hause sind. Die Firma hat es offenbar nicht nötig, mit Journalisten zu sprechen. Diesem Größenwahn entspricht zumindest die eine begründete Absage: Man habe an Kontakt mit uns kein Interesse, denn es gebe bereits einen Film über Bionic Yarn und die Ozeanjeans. Gemeint war allerdings: ein Werbespot. So behalten Unternehmen die Kontrolle über ihre Bilder und Geschichten. Man könnte es Propaganda nennen. Der Wesenszweck von Propaganda ist es, die öffentliche Wahrnehmung zu manipulieren, um Menschen in die erwünschte Richtung zu steuern und Kritik zu verhindern.

»Man muss erkennen, dass die Angebote gut sein können. Zum Beispiel ist es gut, auf Plastiktüten zu verzichten, weil die Ozeane voll damit sind«, sagt Noam Chomsky. »Aber wenn das Angebot von einer mächtigen Institution kommt mit der Absicht zu zeigen, wie gütig und wohlmeinend sie ist, dann lehnen Sie es ab. Akzeptieren Sie den Vorschlag, aber nicht die Propaganda.« Chomsky, emeritierter Professor für Linguistik, beschäftigt sich seit Jahrzehnten mit Propeganda. Er ist der prominenteste Kritiker der US-amerikanischen Politik und der Macht von Konzernen. Wir treffen ihn am Massachusetts Institute of Technology (MIT) in Cambridge. Denn anders als die noblen Meeresretter antwortete er binnen weniger Stunden auf meine E-Mail und sagte dem Interview sofort zu.

»Die Entwicklung der Kultur und Industrie überhaupt hat sich von jeher so tätig in der Zerstörung der Waldungen gezeigt, dass dagegen alles, was sie umgekehrt zu deren Erhaltung und Produktion getan hat, eine vollständig verschwindende Größe ist.«

Karl Marx, *Das Kapital*, Band 2

IV. DAS SCHMIERENTHEATER

Wie Industrie und NGOs die Waldvernichtung für Palmöl zum Umweltschutz verklären

Schwarz. Alles kohlschwarz. So weit man schauen kann. In weiter Ferne ragen noch Baumstämme aus dem verbrannten Boden in den Himmel. Zwischen ihnen hängt dichter Dunst. Sie sehen unwirklich aus, als hätte jemand mit Kohlestift dunkle Striche an den grauen Horizont geworfen. Drückendes Schweigen, beinahe vollkommene Stille umfängt uns. Nur unsere Schritte knacken und knirschen, wenn verkohlte Baumstümpfe, Wurzeln und Äste unter ihrer Berührung zu Staub und Asche zerfallen. Wir sind in der Provinz Jambi auf der Insel Sumatra. Kurz vor unseren Dreharbeiten hat es hier lichterloh gebrannt. Im Herbst 2015 tobten in Indonesien die schlimmsten Waldbrände in der Geschichte des Landes. Die Flammen haben Land und Wald auf einer mehr als doppelt so großen Fläche wie die griechische Insel Kreta vernichtet. Zwanzig Menschen erstickten, als Erste Babys, Kinder, Alte. Zwanzig ist die offizielle Zahl. Forscher der Universitäten von Harvard und Columbia glauben, dass der aus den Feuern entstandene Smog hunderttausend Menschen in Indonesien, Malaysia und Singapur umgebracht hat. Allein in

Indonesien sollen es 90 000 Tote gewesen sein.[57] Eine halbe Million Menschen musste wegen Rauchgasvergiftungen im Krankenhaus behandelt werden, Vögel fielen tot vom Himmel, mindestens tausend vom Aussterben bedrohte Orang-Utans und ungezählte weitere Tiere sind in Flammen und Rauch gestorben. Zehn Prozent der Feuer brannten in Nationalparks. Dort löste sich der Lebensraum seltener Arten in Rauch auf: der von Waldelefanten, Nashörnern, Tigern.

Monatelang wüteten die Brände, vor allem auf Borneo und Sumatra. Zehntausende Feuerwehrleute, Soldaten und Polizisten konnten die Brände nicht löschen, auch nicht mit Hubschraubern und Flugzeugen. Der Rauch war so dicht, dass sie die Brandherde nicht fanden. Wo sich Torfböden entzündet hatten, breitete sich das Feuer unter der Erde aus – großflächig. Dazu kam, dass das Wetterphänomen El Niño in diesem Jahr besonders extrem ausfiel. Alle zwei bis sieben Jahre erwärmt sich das Meer an der südamerikanischen Westküste. Das führt in Kalifornien, Südamerika und im Süden der USA zu Orkanen, Überschwemmungen und sintflutartigen Regengüssen. In Australien, Süd- und Südostasien wiederum sorgt El Niño für Dürren und Hitzewellen. Dieser »Super- El-Niño« tat in Indonesien also das Seinige zur Katastrophe und sorgte dafür, dass der Monsunregen lange auf sich warten ließ. Erst als Anfang November die ersten Tropfen fielen, erloschen mählich die Feuer.

Das Stück kaputte Welt, auf dem wir stehen, ist drei Mal so groß wie der Wannsee in Berlin. Hier wuchs vor kurzem Torfsumpfregenwald. Feri Irawan hat uns hierhergeführt, er leitet die kleine NGO Perkumpulan Hijau (Grüne Bewegung) in der Provinzhauptstadt Jambi. Unser Weg in die anthrazitfarbene Apokalypse war mühsam. Immer wieder blieben unsere Jeeps in der Asche stecken und mussten sich gegenseitig befreien. Die Luft heiß und trocken, Aschepartikel im Wind; die Katastrophe juckt auf der Haut und brennt in den Augen. Allein in Jambi sind 60 000 Menschen krank geworden. »Wir haben das Gefühl, dass die Welt, die das Palmöl verspeist, Menschen und Natur in Jambi aufgegeben hat«, sagt Feri.

Fette Beute

Palmöl ist mit rund 60 Millionen Tonnen pro Jahr das meistverwendete Pflanzenfett der Welt, denn es ist auch das billigste. Es steckt in jedem zweiten Supermarktprodukt: in Tütensuppen und Tiefkühlpizza, in Eis und Schokoriegeln und Margarine, in Teelichtern, Kosmetik und Reinigungsmitteln. Die EU importiert es für Biodiesel. Der Verbrauch des Öls hat sich in den vergangenen zwanzig Jahren mehr als verdoppelt. Indonesien ist der größte Palmölproduzent der Welt. Die Hälfte des Öls kommt von hier.

Die Regenwälder Indonesiens gehören auf der anderen Seite zu den wichtigsten der Welt. Sie beherbergen 15 Prozent aller Arten von Pflanzen, Säugetieren und Vögeln der Erde. Doch seit 1990 hat Indonesien durch Abholzung und Brände eine Waldfläche verloren, deren Größe an die der Bundesrepublik Deutschland heranreicht: 310 000 Quadratkilometer. Die Hälfte davon ist nun mit Ölpalmen bepflanzt. Waren 1990 noch zwei Drittel des Inselstaates mit Wald bedeckt, ist es 2015 schon nur noch die Hälfte. Und nur 50 Prozent davon sind noch intakte Urwälder. Die Waldgebiete Borneos, die einst 95 Prozent der Insel umfassten, haben sich halbiert. Auf Sumatra hat die Papier-, Zellstoff-

und Palmölindustrie bereits vor den Feuern fast drei Viertel der Wälder vernichtet. In Feris Heimat Jambi ist die Hälfte des Regenwaldes verschwunden; Ölpalmen wachsen hier auf einer Fläche, die mehr als doppelt so groß ist wie Kanareninsel Teneriffa.[58]

Als wir auf unserem Flug von Jakarta nach Jambi aus dem Fenster schauen, sehen wir unter uns eine endlose, gleichförmige grüne Fläche, durchzogen von waag- und senkrechten Sandpisten. Palmölplantagen.

Der Verlust, die Trauer, die Leere, die wir in diesem Ozean aus Asche spüren, ist niederschmetternd. Auch dieses Massaker hat mit dem billigen Rohstoff zu tun, nach dem die Welt giert: Der abgebrannte Wald liegt im Konzessionsgebiet der Palmölfirma PT Ricky Kurniawan Kertapersada (RKK). Auf unserem Weg hatten wir ein Schild mit dem Firmennamen passiert, unweit davon lagen schon Setzlinge für Ölpalmen bereit. Feri hat hier einen Benzinkanister gefunden und die Firma PT RKK wegen Brandstiftung angezeigt. Die Polizei ermittelte, ein Manager des Unternehmens wurde festgenommen. »Das, was ihr hier seht«, sagt Feri trocken, »ist aber nur das Werk von nur einem einzigen Unternehmen.« Der Anblick dieses einen Aschefeldes ist schon kaum zu ertragen – wie riesig die Zerstörung insgesamt sein muss, ist schlicht unvorstellbar.

Wald niederzubrennen, um das Konzessionsgebiet illegal zu erweitern, ist einfach und billig. Doch meist ist es schwer, wo nicht unmöglich, nachzuweisen, wer das Feuer gelegt hat. Satellitenbilder vom Jahresbeginn 2015 zeigen bis Ende Oktober knapp 130 000 (!) Brandherde. Darunter 31 825 Waldbrände mit hoher Intensität, die auf Brandrodung schließen lassen. Die Initiative

Global Forest Watch hatte nach den Bränden Satellitenbilder und Karten ausgewertet: 41 Prozent der Brandflächen befanden sich in Konzessionsgebieten von Papier- und Zellstofffirmen, 54 Prozent in jenen von Palmölunternehmen.[59] Noch während es brannte, ermittelte die Polizei gegen zwei Dutzend Firmen und mehr als 120 Personen. Doch im Regierungsbericht wurden 100 Unternehmen mit den Bränden in Verbindung gebracht. Sie blieben anonym, weil die Regierung nur Initialen nannte.

Die indonesische NGO Walhi hat ebenfalls Satellitendaten und Konzessionskarten ausgewertet. Sie fand Feuer bei 19 Firmen von Sinar Mas und 27 Firmen der Wilmar-Gruppe.[60] Wilmar International ist der größte Palmölkonzern der Welt. Ihm gehören die meisten Plantagen in Indonesien. Etwa die Hälfte des weltweit gehandelten Palmöls stammt von diesem Konzern mit Sitz in Singapur, der das Pflanzenfett an globale Konsumgüterkonzerne wie Nestlé, Procter & Gamble und Unilever verkauft. Auch sie sind verantwortlich für diese menschengemachte Umweltkatastrophe, sagt Feri. Er fordert ein Transparenzgesetz, das dafür sorgt, dass Firmen, die indonesisches Palmöl verwenden, für Verbrechen in der Lieferkette haften müssen. Aber ein solches Gesetz ist so wenig in Sicht wie ein Ende des Palmölbooms.

Der palmölindustrielle Komplex

Eine bunt beleuchtete Bühne. Balinesische Tänzerinnen in glitzernden Kostümen schwingen große künstliche Palmwedel. Ihr »Palmöltanz« eröffnet die indonesische Palmölkonferenz GAPKI. Im Feuerjahr 2015 trifft sich die Palmölindustrie in Nusa Dua im Süden der Touristeninsel Bali, wo sich riesige Luxushotels, Malls und Spas um einen gigantischen Golfplatz drängen. Exklusiv, ja klandestin ist auch das Treffen der Industrie: Gepanzerte Polizeifahrzeuge drehen auf dem Parkplatz vor dem Nusa Dusa Convention Center ihre Runden. Trotz Akkreditierung müssen wir bangen, als Filmteam nicht eingelassen zu werden. Erst nachdem wir die Veranstalter getroffen haben, die uns einschärfen, kritische Fragen seien unerwünscht, dürfen Werner Boote und ich die Konferenz besuchen.

Gesponsert wird sie von den großen Palmölkonzernen, darunter Musim Mas, Bumitama Gunajaya Agro, Wilmar und die Sinar-Mas-Tochter Smart. Sie alle stehen seit Jahren wegen illegaler Regenwaldrodung, Landraub und Menschenrechtsverletzungen am Pranger. Einige von ihnen werden auch mit den Bränden in Verbindung gebracht. Aber die Palmölindustrie gefällt sich viel besser in der Opferrolle und beklagt: Die Feuer hätten dreißig Prozent der Ernte vernichtet. Das sei doch unlogisch, wenn sich Palmölfirmen selbst schädigten, ruft der Vorsitzende der indonesischen Palmölkonferenz GAPKI, Joko Supriyono, in den Applaus des vollen Konferenzsaals. Die Industrie sei nicht schuld, sie habe sich doch bemüht, gemeinsam mit der Bevölkerung die Feuer zu löschen. Der Bevölkerung, für die man Millionen Arbeitsplätze geschaffen habe!

El Niño sei verantwortlich für die Katastrophe – und wenn wer gezündelt habe, dann die Kleinbauern, so die beklatschte Meinung. Dabei muss jedem hier im Saal bewusst sein, dass sich die Hitzewelle niemals so drastisch ausgewirkt hätte, wäre das Land nicht mit Palmölplantagen übersät. Die massive Abholzung und die Drainage der Böden für die Plantagen haben das Land erst ausgetrocknet. Das Feuer konnte sich auch deshalb so gut ausbreiten, weil es kaum mehr zusammenhängende intakte Wälder gibt. Zum anderen gehören die beschuldigten Kleinbauern zum Sklavenheer der Palmölindustrie. Als solches dienen sie auch als moralische Verschiebemasse: Gern heben die Konzerne hervor, wie sehr ihnen die Kleinbauern am Herz liegen, bewirtschaften sie doch ein Drittel der Plantagen. Allerdings arbeiten sie im sogenannten Nukleus-Plasma-System. Dahinter verbirgt sich wenig mehr als legalisierter Landraub, der in Ausbeutung mündet: Kleinbauern werden dazu überredet, ihre Gewohnheitsrechte auf ihr Land an die Palmölfirma abzutreten, die ihnen im Gegenzug das Landrecht für zwei Hektar mit Ölpalmen am Rand (Plasma) der Plantage (Nukleus) plus einen halben Hektar für Haus und Garten abgibt. So sollen sie sich selbst versorgen und mit der Bewirtschaftung der Miniplantage Geld verdienen. Doch in den drei bis vier Jahren, die die Palmen wachsen müssen, bis sie Früchte tragen, sind die Kleinbauern auf Kredite angewiesen. Die gewährt ihnen die Firma – zu horrenden Zinsen. Außerdem müssen sie Dünger und Herbizide selbst bezahlen, oft auch die Palmensetzlinge. Die meisten Kleinbauern enden in der Schuldenfalle und bleiben ihr Leben lang abhängig von der Palmölfirma, an die sie per Vertrag und zu miserablen Preisen liefern müssen. Von ihrer harten Arbeit können sie nicht leben: Sie verdienen nur etwa 500 Dollar im Jahr.[61] Und die sollen jetzt verantwortlich für die Jahrhundertkatastrophe sein?

Der Industrie am nächsten stehen, bei der indonesischen Palmölkonfrenz GAPKI nicht anders wie in den Ländern des Nordens, ranghohe Politiker. Indonesische Regierung und Palmölindustrie sind eng miteinander verbandelt: Palmöl gehört zu den wichtigsten Exportprodukten und bringt Devisen ins Land. Einige der Politiker sind sogar selbst im Palmölbusiness aktiv. Wie Indonesiens Vizepräsident Jusuf Kalla, der als Eröffnungsredner geladen ist. Sein Konzern, die Kalla Group, besaß bis 2003 eine eigene Palmölplantage in Sulawesi. Kallas Schwager gehört der Bosowa Konzern, Bosowa Agro Industries ist im Palmölgeschäft. Kalla gehört zu den reichsten Männern des Landes und war einst Vorsitzender von Golkar, der Regierungspartei unter dem Militärregime des Diktators Suharto. Ursprünglich war an Kallas Stelle der ein Jahr zuvor vereidigte neue Präsident Joko Widodo als Redner vorgesehen. Allerdings dürfte das auf wenig Begeisterung bei der Industrie gestoßen sein: Noch während der Brände hatte Widodo ein Moratorium für neue Palmölkonzessionen angekündigt. Er hatte gegen Palmölfirmen ermitteln lassen und verboten, dass auf den abgebrannten Flächen Palmöl angebaut wird.

Im März hatte Kalla die Nachbarstaaten Malaysia und Singapur, die sich über den wiederkehrenden Smog der jährlich brennenden Wälder beschwerten, arrogant abgebügelt: »Elf Monate lang genießen sie die gute Luft von Indonesien, aber dafür haben sie sich nie bedankt.« Er wiederholte seine zynische Aussage in der philippinischen Hauptstadt Manila, wohin im Herbst die Giftwolken gezogen waren: »Ein Problem ist der Wind. Den können wir nicht kontrollieren. Zehn Monate im Jahr bringt er unseren Nachbarländern unser gutes indonesisches Wetter. Und dafür verlangen wir ja auch kein Geld.«[62] Natürlich versichert Kalla in seiner Rede die Unschuld der Palmölindustrie: Niemand habe absichtlich Plantagen niedergebrannt. Er hoffe, dass die Palmölindustrie einen noch größeren Beitrag für die Bevölkerung leisten werde.

»Indonesien macht heute vieles, was besser für unsere Zukunft ist. Meiner Ansicht nach ist der Beitrag der Palmölindustrie außergewöhnlich. Zwanzig Milliarden Dollar! Das ist nicht wenig, das ist viel Geld! Indonesien muss geschlossen auftreten. Wollen die NGOs uns etwa Vorschriften machen?«, poltert jetzt Innenminister[63] Luhut Binsar Pandjaitan von der Bühne. »NGOs machen sich Sorgen um Schimpansen. Aber wie ist das mit uns Affen mit dem schwarzen Kopf?«

Der Saal lacht schallend, fast gibt es Standing Ovations für den ehemaligen Vier-Sterne-General. Man weiß nicht, ob sie sich über seine Ignoranz freuen (in Indonesien gibt es keine Schimpansen, sondern Orang-Utans, die wegen des Palmöls vom Aussterben bedroht sind) oder über seine Aggression gegen Umweltschützer. »Für die ist das hier eine Welt voll von Affen aller Arten. Wir haben zwanzig Millionen Arbeiter, und es gibt zwei oder dreißig Affen, die viel Lärm machen. Das heißt nicht, dass wir uns nicht auch um sie sorgen. Aber uns liegt der Wohlstand der Indonesier am Herzen. Das muss klar sein.« Sonnenklar! Schließlich gehören zum Firmenimperium PT Toba Sejahtra,[64] dem Pandjaitan vorsteht, auch Palmölplantagen.

Die GAPKI-Konferenz ist eine Demonstration der Macht des palmölindustriellen Komplexes. So bezeichnet Oliver Pye vom Institut für Südostasienwissenschaften der Friedrich-Wilhelms-Universität Bonn die engen Verflechtungen zwischen großen Palmölkonzernen und Regierungen. Der Sektor wird von wenigen, aber mächtigen Konzerngruppen aus Malaysia, Indonesien und Singapur dominiert. Unterstützt mit Staatskapital, den Investitionen internationaler Banken und auch mit Krediten der Weltbank, agieren diese Firmen vor allem in Indonesien. Militär und Polizei sichern das Geschäft, indem sie mit Gewalt gegen Indigene, Aktivisten und Landbesetzer vorgehen, die sich den Plantagen in den Weg stellen oder um ihr gestohlenes Land kämpfen. Mindestens fünftausend ungelöste Landkonflikte gibt es in Indonesien.

Zu welcher Brutalität die Palmölindustrie und ihre Schergen fähig sind, habe ich bei meinen Recherchen in Jambi erlebt. Für mein Buch *Aus kontrolliertem Raubbau* hatte ich ein Jahr zuvor auf Borneo und Sumatra die verheerenden Auswirkungen des Palmölanbaus untersucht. Im März 2014 hatten Polizisten, Militärs und Security den widerständigen Bauern Puji mit Gewehrkolben totgeschlagen. Sieben weitere Männer wurden krankenhausreif geprügelt. Feri Irawan hat Pujis Leichnam aus dem Krankenhaus geborgen, damit die Palmölfirma PT Asiatic Persada ihn nicht verschwinden lassen konnte. Er sammelte Beweise, zeigte das Verbrechen an und befand sich zusammen mit den Augenzeugen tagelang auf der Flucht. Der Mord an Puji war der Tiefpunkt eines dreißig Jahre andauernden brutalen Landkonflikts der Palmölfirma mit der indigenen Gemeinschaft der Suku Anak Dalam in Bungku. Ihr Wald wurde illegal abgeholzt, um Platz für eine Palmölplantage von der Größe Münchens zu schaffen. Zu den Verantwortlichen gehört Wilmar International. Alleine dieser Konzern ist in mehr als hundert Landkonflikte verwickelt. Bis 2013 war PT Asiatic Persada seine Tochterfirma. Als der Konflikt eskalierte, verkaufte Wilmar-Gründer Martua Sitorus PT Asiatic Persada an die Firma seines Bruders – mitten in einem Schlichtungsprozess bei der Weltbank, für den NGOs lange gekämpft hatten. Nie werde ich die Begegnungen von damals vergessen: Pujis verarmte Witwe mit ihren fünf Kindern, die vertriebenen Indigenen, die unter furchtbaren Bedingungen in der Plantage kampierten, weil ihnen PT Asiatic Persada den Zugang zu ihren Dörfern abgeschnitten hatte.

»Dieses Land«, sagt Feri, »schützt die Palmölfirmen und ihre Söldner, nicht die Opfer.« Der unerschrockene Kämpfer schwebt selbst dauernd in Gefahr, er wird vom Geheimdienst beobachtet. Drei Wochen nach unseren Dreharbeiten wird sein Büro überfallen. Als Feri die Einbrecher überrascht, schießen die maskierten Männer auf ihn. Er bleibt zum Glück unverletzt. Erst im Mai war Jopi Peranginangin von der NGO Sawit Watch! von einem Soldaten erstochen worden. Jopi, den ich bei meinen Recherchen 2014 kennengelernt hatte, hatte gerade ein Buch über Korruption im Palmölgeschäft geschrieben.

Werner und ich wandeln durch die Hallen des Konferenzgebäudes. Im asiatischen Stil erbaut, wirkt es wie ein überdimensionierter Tempel. Es überkommt mich ein ähnlich beklemmendes Gefühl, wie ich es auf dem verbrannten Feld in Jambi hatte. Auch dieser Ort ist auf Leid gebaut. In den antikommunistischen Massakern, die General Suharto 1965 initiierte, wurden auf Bali 100 000 Menschen ermordet. Landlose Bauern hatten dort mit Unterstützung der Kommunistischen Partei für eine Landreform gekämpft. Als die Linken und vermeintlich Linken ausgelöscht waren, war der Weg für den Umbau zur Massentouristeninsel frei.[65] In Nusa Dua wurden Anfang der neunziger Jahre Menschen vertrieben, um riesige Hotelanlagen zu bauen. Alte und für Balinesen bedeutsame Tempel wurden zerstört oder sind für sie nicht mehr zugänglich. Heute gibt es wieder Proteste, weil balinesische und chinesische Investoren in der Bucht von Benoa eine künstliche Insel aufschütten und darauf ein gigantisches Urlaubsressort für Reiche bauen möchten.[66] Außerdem sorgt der Tourismus auf der Insel dafür, dass fast die Hälfte der Balinesen keinen Zugang zu sauberem Wasser hat. Brunnen trocknen aus, weil Hotels und Golfplätze irrsinnige Mengen Wasser verschwenden – im Namen des Geldes. Etwa der Bali National Golf Club, auf dem sich die Palmölmillionäre am Tag vor der Eröffnung der Konferenz bei ihrem traditionellen GAPKI-Golfturnier vergnügten.

Die Erfindung des nachhaltigen Palmöls

In der Eingangshalle treffen wir auf Frans Claassen. Der Niederländer ist Vorsitzender der europäischen Palmöllobbyorganisation European Palmoil Alliance (EPOA). Die EPOA will die »Debatte um Palmöl und Ernährung in ein Gleichgewicht bringen«. Sprich: den Leuten einreden, dass Palmöl eine tolle Sache ist, und nachhaltig obendrein. Die EPOA ist auch Mitglied am Runden Tisch für nachhaltiges Palmöl (RSPO). »In den Medien gibt es eine Menge Informationen, die Palmöl ein negatives Image geben«, sagt Claassen. »Aber die Firmen, die vom Runden Tisch für nachhaltiges Palmöl zertifiziert sind, haben sich dazu verpflichtet, nicht brandzuroden.« Das in den Niederlanden verwendete Palmöl sei zu hundert Prozent nachhaltig zertifiziert, erklärt Claasen stolz, weltweit seien es schon zwanzig Prozent.

Gegründet wurde der Runde Tisch für nachhaltiges Palmöl 2004 von Unilever, die mit 1,5 Millionen Tonnen pro Jahr am meisten Palmöl von allen Konsumgüterkonzernen der Welt verbrauchen, dem WWF und der Palmölindustrie selbst. Damit reagierte die Industrie auf die Kritik an den zerstörerischen Folgen des Palmölbooms. Doch hinter der »Multi-Stakeholder-Initiative«, die es sich unter dem wohlklingenden Motto »People, Planet, Profit« zur freiwilligen Aufgabe gemacht hat, »Wachstum und Verwendung nachhaltigen Palmöls entlang der Wertschöpfungskette« zu fördern, verbirgt sich ein Industrieclub, der seine Profite schützt und sich dafür grün wäscht. Die

1561 Vollmitglieder aus aller Welt setzen sich aus 727 Konsumgüterfirmen, 174 Palmölproduzenten, 529 Palmölverarbeitern, 65 Handelskonzernen sowie 14 Banken und Investmentgesellschaften zusammen.[67] Darunter Aldi, BASF, Bayer, Cargill, Commerzbank, Credit Suisse, Ferrero, Mars, McDonald's, Procter&Gamble, Rewe, Unilever und Walmart sowie hoch umstrittene Palmölkonzerne wie Bumitama Agri und Wilmar International. Ihnen sitzen nur 52 Umweltschutz- und Entwicklungsorganisation gegenüber. Die meisten davon sind zoologische Gesellschaften oder große westliche Naturschutzorganisationen wie Rainforest Alliance und WWF, die wegen ihrer Zusammenarbeit mit Konzernen kritisiert werden.

Kleine lokale NGOs wie Feri Irawans Perkumpulan Hijau, die die Palmölmonokulturen ablehnen, Indigene oder Gewerkschaften sitzen nicht mit am Tisch. Die Dominanz der Industrie setzt sich in der Vorstandsetage fort, wo zwölf Angehörige der Industrie vier NGO-Mitgliedern gegenübersitzen. Die Präsidentschaft des RSPO teilen sich Unilever-Manager Biswaranjan Sen und Carl Bek-Nielsen, Geschäftsführer der Palmölfirma United Plantations. Da ist es wenig überraschend, dass die Kriterien und Standards des RSPO, an die sich die Mitglieder freiwillig halten sollen, extrem lasch sind. Nicht einmal der Anbau auf Torfböden ist verboten, sondern soll lediglich vermieden oder besser »gemanagt« werden. Gefährliche und hochgefährliche Pestizide wie Paraquat sind ebenfalls nicht verboten. Ihr Gebrauch soll gemindert und irgendwann – freiwillig! – abgeschafft werden. Abholzung ist erlaubt, nur die der schützenswerten Wälder ist verboten. Wurden die aber bereits vor 2005 gerodet, darf Palmöl angebaut und zertifiziert werden. Da trifft es sich gut, dass der Großteil der Wälder schon vor diesem Datum zerstört worden war. 2015 wurde selbst diese Auflage noch einmal aufgeweicht: Mit den Remediation and Compensation Procedures (Sanierungs- und Kompensationsprozessen) sollen Firmen selbst dann zertifiziert werden, wenn sie nach 2007 schützenswerte Flächen abgeholzt haben, dafür aber einen »Kompensationsplan« vorlegen.[68]

256 Umwelt- und Menschenrechtsorganisationen aus aller Welt hatten bereits 2008 den RSPO als Greenwashing abgelehnt. Denn nachhaltiges Palmöl, vor allem in derart wachsenden Mengen, wie sie von den RSPO-Mitgliedern produziert und verarbeitet werden, kann es gar nicht geben.

Der Runde Tisch für nachhaltiges Palmöl hat in den dreizehn Jahren seines Bestehens die massive Zerstörung von Wald nicht nennenswert eindämmen können. Er hat ihr nur ein grünes Mäntelchen umgehängt. Laut Global Forest Watch ist die Entwaldung in Indonesien seit der RSPO-Gründung gestiegen und lag 2015 mit 7350 Quadratkilometer Fläche um ein Viertel höher als 2004 (knapp 5000 Quadratkilometer). 2012 wurden fast 10 000 Quadratkilometer abgeholzt.[69] Obwohl die Regierung 2011 ein Moratorium verabschiedet hat, das die Rodung von Primär- und Torfwäldern verbietet.

Regelmäßig weisen NGOs wie Friends of the Earth, Greenpeace, Sawit Watch!, Walhi und kleine Organisationen wie Perkumpulan Hijau und Save our Borneo nach, dass die Mitgliedsfirmen des Runden Tisches gegen die Standards und selbst gegen geltendes Recht verstoßen: durch illegale Abholzung, Menschenrechtsverletzungen und Kinderarbeit auf den Plantagen.

Als Udin von Save our Borneo und ich im Mai 2014 den Nationalpark Tanjung Puting in Zentralkalimantan besuchten, erwischten wir den Konzern Bumitama Agri sogar auf frischer Tat:

Am Rand des Nationalparks war dieser gerade dabei, Wald abzuholzen. Im Nationalpark selbst fanden wir Flächen, die Bumitama Agri illegal zerstört hatte. Abholzen in und um Nationalparks ist verboten. Die Firma, die die Gesetze ignoriert, ist Mitglied am Runden Tisch für nachhaltiges Palmöl. Über Jahre hat Bumitama Agri illegal Wald gerodet. Als NGOs beim RSPO Beschwerde einreichten, forderte dieser die Firma auf, alle Aktivitäten einzustellen, bis der Fall geklärt sei. Doch Bumitama Agri holzte weiter illegal ab. Konsequenzen hatte das für den Konzern bislang nicht. Sanktionen gibt es innerhalb des RSPO so gut wie keine. Man bestraft sich doch nicht selbst! In dreizehn Jahren wurden nur drei Konzerne aus dem RSPO ausgeschlossen. Im April 2016 entzog der RSPO nach einem jahrelangen Beschwerdeverfahren der IOI Group die Zertifizierung. Wieder und wieder hatte der malaysische Konzern in West-Kalimantan wertvolle Wälder vernichtet und die Rechte der lokalen Bevölkerung massiv verletzt. Jetzt klagt IOI gegen den RSPO. In der Folge des Skandals hatten Kunden wie Mars, Nestlé und Unilever ihre Geschäftsbeziehungen zu IOI abgebrochen. Würde der RSPO gegen alle Firmen vorgehen, die so zerstörerisch arbeiten, könnte er eigentlich dichtmachen: »Ich habe die Arbeitsweise vieler Palmölproduzenten überprüft, zum Beispiel von Wilmar. Ich habe festgestellt, dass niemand nachhaltig produziert«, sagt Feri, »der RSPO existiert nur, um den Konsumenten in Europa zu vermitteln, dass hier alles gesetzeskonform ist. Deshalb verändert das nichts.«

Als wir Frans Claassen bei der GAPKI auf die Wirkungslosigkeit des RSPO ansprechen, antwortet er: »Nachhaltigkeit ist kein starres Kriterium, sondern ein fortlaufender Prozess von kontinuierlichen Verbesserungen. Es sind kleine Schritte auf einem langen Weg – und bei keinem anderen Rohstoff hat es so viele Fortschritte wie beim Palmöl gegeben.«

Wenn ich solche Floskeln höre, überfällt mich bleierne Müdigkeit. Best-of-Boss-Bullshit-Bingo. Hohle Phrasen, zigfach gehört, wenn ich mit Unternehmern über den tiefen Graben zwischen Ökoversprechen und tatsächlichem Handeln gesprochen habe. Meine Palmölrecherchen sind da nur ein Beispiel. Ich frage mich oft: Glauben Unternehmer selbst den Unsinn, den sie verzapfen? Oder beruhigen sie sich mit diesem stupiden Mantra, damit sie nachts schlafen können?

In mir steigt Wut hoch. »Es gibt keinen Beleg dafür, dass es dieses nachhaltige Palmöl gibt«, sage ich, »niemand hat mir bisher überhaupt nur erklären können, was das eigentlich ist. Was soll das sein? Erklären Sie es uns bitte.« Ein bisschen kommt Claassen ins Straucheln. Dann haut er uns die nächsten PR-Sätze um die Ohren: »Nachhaltiges Palmöl ist mit Respekt für die Natur und ohne Brandrodung produziert. Produzenten sind fair zu den Leuten, bieten ihnen Unterkünfte und medizinische Versorgung. Es geht auch um Profit und darum, dass die Menschen, die in den Plantagen arbeiten, ein anständiges Einkommen haben.«

Ich muss fast lachen, denn ich erinnere mich an die Zustände auf einer der Plantagen, die Claassen beschreibt. Bei meinen Buchrecherchen im Jahr zuvor hatte mich der Aktivist Herwin Nasution in Nordsumatra in eine solche Plantage der Firma PT Rimba Mujur Mahkota geschleust. Diese wurde gerade mit dem RSPO-Siegel zertifiziert.[70]

Tief drinnen in der Monokultur besuchten wir die Arbeiterslums: armselige Baracken aus Holz, dahinter eine offene Kloake. Dort gab es weder Toiletten noch sauberes Wasser. Wenige

Tage zuvor waren zwei Frauen, die sich im Fluss hinter den Hütten wuschen, von einem Krokodil getötet worden. Die Arbeiterinnen, die dort leben, bringen in den Plantagen Gift aus, um das Unkraut an den Stämmen der Ölpalmen zu vernichten. Bis zu 90 Kilo Pestizide, darunter hochgefährliche wie Paraquat, sprühen die Frauen jeden Tag und schleppen die schweren Kanister auf dem Rücken – für drei Euro pro Tag. Viele der Frauen sagten, sie seien krank, hätten Atembeschwerden und Ausschläge. Die »medizinische Versorgung« gibt es in einer Hütte, in der eine Krankenschwester und eine Hebamme arbeiten. Mindestens eine Stunde Fußweg ist sie von den Arbeiterslums entfernt. Als wir sie nachmittags um vier Uhr aufsuchten, war sie bereits zu. Vielleicht hatten sich die Zertifizierer lieber nicht allzu tief in die Plantage verirrt, bevor sie dieser trotz aller Missstände das Nachhaltigkeitssiegel verliehen? Herwin hat später herausgefunden, dass diese Prüfer nicht mit Arbeitern, sondern nur mit der unternehmenseigenen Gelben Gewerkschaft gesprochen haben sollen.[71] Sonst wäre wohl auch die ausbeuterische und gefährliche Kinderarbeit entdeckt worden, die wir gesehen haben.

So sind wir wieder beim Thema. »Kinderarbeit? Nein, ich kenne keinen Beweis für Kinderarbeit auf Palmölplantagen. Es hat in den vergangenen 15 Jahren keinen Report gegeben, der Kinderarbeit dort nachweist. Im Kakaoanbau, ja, da gibt es viel Kinderarbeit. Aber nicht beim Palmöl. Ich bin mir absolut sicher«, sagt Frans Claassen. Doch selbstverständlich gibt es diese Belege. 2013 hatte die indonesische NGO Sawit Watch! zusammen mit dem International Labor Rights Forum in Washington einen Bericht vorgelegt, der Kinder- und Zwangsarbeit sowie Menschenhandel auf RSPO-zertifizierten Plantagen nachweist.[72] Ich erzähle ihm davon. »Nein«, beharrt der Palmöllobbyist, »den

Bericht kenne ich nicht, ich glaube auch nicht, dass es den gibt.« Vielleicht würden die Kleinbauern ihre Kinder benutzen, »aber auf den großen Plantagen gibt es das nicht«. Na klar! Die bösen, bösen Kleinbauern. Mal wieder.

Fakt ist: Würden die Arbeiter und Bauern nicht so gnadenlos ausgebeutet, wäre Palmöl nicht das billigste und begehrteste Fett der Welt. Laut Brot für die Welt sind die Einkommen der Arbeiter heute sogar noch niedriger als zu Kolonialzeiten.[73] Diese extrem niedrigen Löhne ermöglichen es den Firmen, schnell zu expandieren und für ihre Investitionen in kurzer Zeit exorbitante Profite einzufahren. Dass das Palmöl den Menschen Wohlstand und Arbeitsplätze beschere und die Armut abschaffen könne, ist die größte Lüge in diesem schmierigen Geschäft. Das Palmölbusiness bringt Armut nicht nur hervor, es lebt von ihr. Armut ist seine wichtigste nachwachsende Ressource.[74]

Die Erntearbeiter, die Herwin und ich im Schutz eines Privathauses außerhalb der Plantage getroffen hatten, erzählten, dass sie umgerechnet etwa hundert Euro im Monat verdienen. Aber selbst dieser Hungerlohn ist ihnen nicht sicher. Das Unternehmen setzt ihnen ein Tagesziel für die Ernte. Wenn sie das nicht erreichen, wird der Lohn gekürzt. »Sechzig Früchte am Tag« lautet zum Beispiel die Vorgabe. Das kann niemand alleine schaffen. Palmölfrüchte wiegen bis zu fünfzig Kilo, zusammengerechnet können das bis zu drei Tonnen sein. Deshalb müssen die Erntearbeiter ihre Frauen und Kinder zu Hilfe holen. Unbezahlt, versteht sich. Dieses perfide System der Zwangsarbeit ist auf Palmölplantagen üblich. Ja, auf dem Papier gibt es diese »freiwillige« Kinderarbeit nicht. Dass sie systemimmanent ist, bestätigte im November 2016 eine Studie von Amnesty International über Ausbeutung, Menschenrechtsverletzung, Kinder- und Zwangsarbeit auf Palmölplantagen in Indonesien – unter anderem beim RSPO-Mitglied Wilmar International.[75]

Abholzen für den Klimaschutz

In kaum einem anderen Industriezweig sind die grünen Lügen so fest im System verankert wie bei der angeblich nachhaltigen Palmölproduktion. Daran schuld ist auch: der europäische Klimaschutz. 2003 brachte das Europäische Parlament eine Richtlinie zu Biokraftstoffen auf den Weg, die 2009 in der Erneuerbare-Energie-Richtlinie aufging. Diese schreibt für den Verkehrssektor vor, dass bis 2020 ein Zehntel des Kraftstoffverbrauchs aus erneuerbaren Quellen stammen muss. Mit der Verwendung von Biosprit sollte gemäß dem Kyoto-Protokoll der CO_2-Ausstoß gesenkt werden. 2006 beschloss die EU eine verpflichtende Beimischung von fünf Prozent Biosprit. Damit wollte die EU – hoch subventioniert – die europäische Landwirtschaft ankurbeln. Doch der Plan, sich mit Benzin vom heimischen Acker zu versorgen, ging nicht auf: Selbst für die Beimischung von fünf Prozent gibt es in ganz Europa nicht genug Land, das man mit Mais, Raps oder Rüben für den Tank bepflanzen könnte. So wich man auf Importe aus den Ländern des Südens aus. In der Folge ist die EU der drittgrößte Importeur von Palmöl.[76] Laut einer Studie vom Naturschutzbund Deutschland und der NGO Trade & Environment hat sich die Beimischung von Palmöl in Biosprit in der EU zwischen 2010 und 2014 versiebenfacht: von 456 000 auf 3,2 Millionen Tonnen.[77]

Bei der Verbrennung von Pflanzenkraftstoff gelange nur so viel CO_2 in die Luft, wie die Pflanze vorher gebunden habe, so die simple Idee.

Leider eine Milchmädchenrechnung. Rechnet man den Klimaschaden in Anbauländern ein, der durch die Zerstörung von Wäldern und Torfböden entsteht, produziert Biodiesel aus Pflanzenöl 80 Prozent mehr Emissionen als fossiler Diesel. Palmölbasierter Kraftstoff ist sogar drei Mal so klimaschädlich. Das belegt die Globiom-Studie, die die EU 2013 in Auftrag gab, deren Ergebnisse sie aber offenbar monatelang unter Verschluss hielt.

So geht das Greenwashing von Palmöl Hand in Hand mit der fatalen Biosprit-Politik der EU, die damit wiederum den wachsenden Individualverkehr grünwäscht.

Die Vernichtung von Wald und Torfböden hatte Indonesien bereits in der Vergangenheit zum größten CO_2-Emittenten der Welt gemacht.[78] Bei den Waldbränden im Herbst 2015 gelangten 1,7 Milliarden Tonnen CO_2 in die Atmosphäre. Das ist fast doppelt so viel, wie Deutschland im Jahr ausstößt. An 26 Tagen überstiegen die täglichen Treibhausgasemissionen des Inselstaats sogar die der USA. Wenn Torfmoorwälder und -böden brennen, werden 50-mal mehr Emissionen freigesetzt als beim Brand von Vegetation. Dann wird nicht nur eine riesige Menge CO_2 in die Luft geblasen, sondern auch Methan, das 25-mal klimaschädlicher ist als Kohlendioxid.

Die Fläche, auf der Palmöl für europäischen Biodiesel wächst, ist sechseinhalbmal so groß wie die Ferieninsel Mallorca.[79] Die EU selbst hatte die Waldvernichtung in Indonesien vorangetrieben: »Alleine die Ankündigung der gesetzlichen Beimischungsquote hat in Indonesien für einen Expansionsboom der Palmölplantagen gesorgt«, sagt Marianne Klute von Rettet den Regenwald. Mitte der achtziger Jahre wurden in Indonesien 5 000 Quadratkilometer mit Palmöl bebaut. Heute sind die Monokulturen mit 157 000 Quadratkilometern mehr als dreißigmal so groß.

Zwar schreibt die EU Nachhaltigkeitskriterien für importierte nachwachsende Rohstoffe vor. Als Nachweis für deren Einhaltung akzeptiert die EU unter anderem das Siegel des Runden Tisches für nachhaltiges Palmöl. Für die EU wurde RSPO-RED entwickelt. Das ist ein ergänzender Anforderungskatalog für Palmölproduzenten und -verarbeiter innerhalb der Lieferkette, der die Prinzipien und Kriterien des RSPO entsprechend der Nachhaltigkeitsanforderungen der EU-Richtlinie für Erneuerbare Energie ergänzt. Nach RSPO RED darf das Palmöl nicht von Plantagen stammen, für die nach 2008 Wald gerodet beziehungsweise Moor- oder Feuchtgebiete entwässert wurden. Damit soll ausgeschlossen werden, dass wertvolle Biodiversität für europäischen Biosprit zerstört wird. Allerdings war 2008 der größte Teil der Palmölplantagen, von denen Palmöl schon damals nach Europa geliefert wurde, bereits in Betrieb. Klimaschaden, Umweltzerstörung und Menschenrechtsverletzungen, die vor 2008 entstanden sind, werden damit nicht nur ignoriert. Indem sie das RSPO-Siegel anerkennt, legitimiert die EU diese Zerstörung.

Unilevers grünes Tütensuppenwunder

»36 Fußballfelder Wald werden jede Minute zerstört.« Ein alter Baum löst sich aus der Erde seiner Regenwald-Heimat und läuft in die Stadt. Über sentimentale Musik spricht dieser Baum mit Pathos in der Stimme: »Niemals in meinen 170 Jahren hätte ich gedacht, dass es so weit kommen würde. Das mag ironisch klingen, aber ich glaube, ich bin in der Stadt sicherer als im Regenwald. Ihr seid die einzigen Lebewesen, die mir helfen können. Und wenn ich eure Gesichter sehe, weiß ich, das werdet ihr.«

So sieht Werbung für den britisch-niederländischen Lebensmittelmulti Unilever aus. Am Ende des Spots erscheint der berühmte Panda des WWF. Die Werbung ist Teil eines gemeinsamen Projekts zum Schutz der Regenwälder. Sie verspricht, Regierungsprogramme in Brasilien und Indonesien zu unterstützen und Millionen Bäume zu retten. Darüber hinaus wolle man Konsumenten dazu bewegen, »ihre Stimme zu erheben« gegen die Waldvernichtung. Konsumenten wohlgemerkt, denen Unilever noch mehr überflüssige Dinge wie Rama Margarine, Knorr Tütensuppen, Du-darfst-Diätquatsch und Lenor Weichspüler verkaufen will.

Unilever ist einer der größten Konsumgüterkonzerne der Welt. 170 Milliarden Produkte von vierhundert Marken verkauft Unilever jedes Jahr und machte damit zuletzt einen Umsatz von 53,3 Milliarden Euro. 2,5 Milliarden Menschen in 190 Ländern nutzten täglich ein Unilever-Produkt, heißt es auf der Homepage. Mindestens acht Millionen Tonnen landwirtschaftliche Rohstoffe kauft Unilever dafür jedes Jahr ein. Den größten Anteil daran haben Palmöl, Soja und Rindfleisch. Allein dafür wird rund die Hälfte der globalen Wälder vernichtet.[80] Unilever verbraucht am meisten Palmöl von allen Konsumgüterkonzernen der Welt: 1,5 Millionen Tonnen pro Jahr. Das sind 2,6 Prozent der globalen Ernte.[81]

»Es gibt keine Geschäftsstrategie, die Armut oder den Klimawandel rechtfertigt.«

»Der Klimawandel spielt eine große Rolle, denn es sind die Armen, die an den Temperaturveränderung leiden.«

»Eine Firma muss einen positiven Beitrag für die Gesellschaft leisten. Wozu sollte sie sonst existieren? Warum sollten die Menschen sonst zulassen, dass es sie gibt? Wenn eine Firma nicht erklären kann, was sie tut, um anderen zu helfen, sollte sie sich als Erstes fragen, wofür sie da ist.«

Diese Sätze stehen nicht in der Umweltenzyklika von Papst Franziskus. Sie stammen vom Messias persönlich. Als solchen feierte jedenfalls die Branche Unilever-Boss Paul Polman bei seinem Antritt 2010 einhellig. Denn Polman versprach ein grünes Wunder: den Unilever Sustainable Living Plan. Ihm zufolge wolle der Konzern bis 2020 den Abfall, Wasserverbrauch und Treibhausgasausstoß halbieren, die Einhaltung der Menschenrechte in der Lieferkette verbessern und alle landwirtschaftlichen Produkte bis 2020 zu hundert Prozent »nachhaltig« einkaufen.[82] Im selben Zeitraum wolle man den eigenen Umsatz auf achtzig Milliarden Euro verdoppeln. Um diesen Spagat für möglich zu halten, braucht man wirklich einen sehr starken Glauben. Denn um den Umsatz zu verdoppeln, muss Unilever noch mehr Produkte verkaufen – und verbraucht dann zwangsläufig sehr viel mehr von diesen problematischen Rohstoffen. Deshalb verfolgt Unilever eine besonders elaborierte Strategie, die über klassisches Greenwashing weit hinaus geht.

Unilever schaltete den zynischen Spot mit dem traurigen Baum zum UN-Klimagipfel 2015 in Paris. Zuvor hatte sich der Tütensuppenkonzern schon in New York engagiert. Im September 2014 hatte der unternehmerfreundliche UN-Generalsekretär Ban Ki-moon zum Klima-Sondergipfel nach New York eingeladen. Zwei Tage zuvor nahmen 300 000 Menschen am People's Climate March teil. Auch Unilever: Mindestens hundert Konzernmitarbeiter gingen auf die Straße. Darunter Unilevers Nachhaltigkeitschef Jeff Seabright, sowie Jonathan Atwood, Vizepräsident der Konzernkommunikation und des Sustainable Living

Program. Sie trugen Schilder, auf denen der Slogan »Bright Future« prangte, mit dem Unilever Kloreiniger und Waschpulver als Entwicklungshilfe bewirbt.[83] Damit inszenierte sich der Weltkonzern als Bürger- und Klimaschutz-Aktivist – eine Täter-Opfer-Umkehr. Ben&Jerry's Gründer Jerry Greenfeld marschierte in einem Block von Mitarbeitern, die eine gigantische Eistüte schleppten, auf der der Globus als Eiskugel schmolz. »If it's melted, it's ruined« lautete Ben&Jerry's Spruch auf Bannern, die die Mitarbeiter trugen – uniformiert mit T-Shirts, die mit dem Eistüten-Motiv und dem Slogan bedruckt waren. Ben&Jerry's ist das grüne Feigenblatt von Unilever: Der Eishersteller bezieht Fairtrade-Schokolade und hat Palmöl weitgehend aus seinen Produkten verbannt.

Nicht nur Unilever machte den Protest zum PR-Event: Auch Peter Agnefjäll nahm teil, der damalige (inzwischen von Jesper Brodin abgelöste) Chef des Wegwerfmöbelimperiums Ikea, das immer wieder wegen Kahlschlags von Wäldern kritisiert wird. Verschiedene CSR- und Lobby-Initiaven riefen Konsumenten wie Unternehmen zur angeblich größten Klimademonstration auf und nahmen selbst daran teil: darunter We Mean Business, die Business-NGO Ceres und die Climate Group. »Ich war noch nie bei einem Protestmarsch, der in der New Yorker U-Bahn beworben wurde. Bei dem 220 000 Dollar für Poster ausgegeben wurden, die Wall-Street-Banker einladen, an dem Marsch teilzunehmen, um den Planeten zu retten«, staunte der Al Jazeera- und *Guardian*-Autor Arun Gupta im US-Online-Magazin *Counterpunch.*

Der People's Climate March enthielt keine politischen Forderung – außer dem banalen Aufruf, dass »die da oben« was gegen den Klimawandel unternehmen sollen. Aber »die da oben«

nahmen selbst an dem Spektakel teil: Ban Ki-moon spazierte an der Seite der damaligen UN-Klimaschutzchefin Christiana Figueres. Es gab keine Reden, keinen Feind und keine Blockaden – die Demonstration bewegte sich nicht einmal in die Nähe des UN-Hauptquartiers.

Ein Protest, auf den sich alle einigen können und der niemandem weh tut, ist keiner. Er übt aber Verrat am Widerstand. Zur Blockade »Flood Wallstreet« kamen am nächsten Tag nur dreitausend Menschen. Unter dem Aufruf »Stop Capitalism. End Climate Crisis« besetzten sie den Finanzdistrikt, hundert Demonstranten wurden festgenommen.

»Astroturfing« nennt man es, wenn Unternehmen selbst Protest in Szene setzen, um ihre eigenen Interessen als öffentliche auszugeben. Der Begriff ist ein Wortspiel und steht für das Gegenteil von Graswurzelbewegungen – Astroturf ist ein Markenname für Kunstrasen. Zwar hatten am entpolitisierten People's Climate March auch Umweltgruppen und antikapitalistische Aktivisten teilgenommen. Sie wurden vereinnahmt, um genau die Propaganda zu stärken, die von Industrie und Politik verbreitet wird: Konsumenten, Konzerne und Politik seien »im Kampf« gegen den Klimawandel vereint und zögen »an einem Strang«, um das Klima zu retten. So lautete in New York auch der Demo-Slogan des WWF: »To change everything we need everyone.«

Und so öffnen auch die Vereinten Nationen ihre Tore für Konzerne, vor deren Vernichtungswerk sie die Welt beschützen sollten. Für den New Yorker Klima-Sondergipfel hatte die Calderón-Kommission im Auftrag der UN eine Art Masterplan für »klimafreundliches« Wirtschaftswachstum vorgelegt. Die Kommission wurde von Mexikos Expräsident Felipe Calderón und dem ehemaligen Weltbank-Chefökonom Nicholas Stern geleitet und gelangte wenig überraschend zu dem Ergebnis, Wirtschaftswachstum und Klimaschutz seien kein Widerspruch, sondern bedingten sich gegenseitig. Nichts hören die Bürger der westlichen kapitalistischen Gesellschaften lieber. Entsprechend groß war der Jubel über den Bericht in den Mainstream-Medien. Business as usual mit grünem Anstrich – hurra! Zu dem »Expertenteam« gehörte neben den Großbanken Deutsche Bank und HSBC, die ihrerseits in Palmölkonzerne investieren,[84] auch Paul Polman von Unilever. Der Lebensmittel-Multi gehört auch zu den Unterzeichnern der New Yorker Waldschutzerklärung. Auf Ban Ki-moons Sondergipfel hatten sich die »World Leader« auf diesem Papier dazu verpflichtet, »den Verlust der natürlichen Wälder bis 2020 zu halbieren und sich zu bemühen, diesen bis 2030 zu beenden«.[85] Anders herum klingt es auch viel weniger gut: Bis 2030 darf weiter abgeholzt werden. Zur Unterschrift von Unilever gesellten sich die der schlimmsten Waldzerstörer: Asian Pulp&Paper (PT APP), Cargill, Deutsche Bank, McDonald's, Nestlé, Procter&Gamble, Walmart und die der Palmölkonzerne Asian Agri, Musim Mas und Wilmar International. Während in Indonesien die Wälder brannten, erkor die UN die Palmölindustrie und ihre Abnehmer zu Waldrettern. Die hatten ja freiwillige »No Deforestation«-Versprechen abgegeben.

»Zusammengenommen ist der Anteil von Palmöl, das unter der Selbstverpflichtung zu null Entwaldung gewonnen wird, im vergangenen Jahr um sechzig Prozent gestiegen. Diese Plantagen bedecken eine Fläche von der Größe Portugals. Der Wert dieses Palmöls beträgt dreißig Milliarden Dollar innerhalb einer 50-Milliarden-Dollar-Industrie. Das reduziert geschätzte 400 bis 450 Millionen Tonnen CO_2 pro Jahr und insgesamt zwei Milliarden Tonnen bis 2020«, heißt es in der Erklärung. Eine reine

Fantasierechnung, schließlich handelt es sich ja nur um Versprechen, die, nur zum Beispiel, von Wilmar immer wieder gebrochen wurden.[86] Und von Wilmar, dem Hauptlieferanten von Unilever, stammt auch die krude Rechnung aus der UN-Waldschutzerklärung.

Tütensuppenheiland Polman war sogar an der Klimarahmenkonvention der Vereinten Nationen (UNFCCC) beteiligt. Unilever gehört neben mehr als vierhundert anderen Großkonzernen – darunter Airbus, BASF, Bayer, Coca Cola, Ikea, Mars, McDonald's, Nestlé, Rio Tinto, RWE, Siemens und Dow Chemical – der UN-Initiative Caring for Climate Business Forum an.[87] Zu deren Partnern gehört das World Business Council for Sustainable Development, eine Industrieinitiative, die Stephan Schmidheiny 1995 gründete. Der Schweizer Unternehmer war 1992 Hauptberater für Wirtschaft und Industrie beim Rio-Gipfel der UN zu Umwelt und Entwicklung. Bekannt ist Schmidheiny vor allem dafür, dass in seinen italienischen Eternit-Fabiken mehr als 2 000 Arbeiter und Anwohner an Asbestvergiftung starben, weil die Sicherheitsvorkehrungen völlig unzureichend waren. Schmidheiny war es immer wieder gelungen, das Urteil der Staatsanwaltschaft Turin über 90 Millionen Euro Schadensersatz und 18 Jahre Haft anzufechten. Diesem feinen Forum, das jetzt die Welt retten will, steht Paul Polman vor. Polman, der vor seiner Zeit bei Unilever für Nestlé und Procter&Gamble arbeitete, war sogar an der Entwicklung der Post-2015 Development Agenda beteiligt, aus der die Sustainable Developement Goals (SDG) hervorgingen. Die nachhaltigen Entwicklungsziele der UN lösten 2015 die gescheiterten Millennium Developement Goals ab. Polman gehört zur Gruppe der SDG-Advokaten, die die UN dabei unterstützen wollen, die Ziele bis 2030 zu erreichen.[88]

So wie Unilever, die ihr Kerngeschäft nun angeblich nur noch zur Umsetzung der Entwicklungsziele betreiben.[89] Unter anderem dafür hat das Umweltprogramm der Vereinten Nationen (UNEP) den Tütensuppenfabrikanten 2015 zum »Champion of the Earth« gemacht. Greenwashing ist also eine Erfolg versprechende Form des Lobbyismus: Das beworbene Engagement in den Ländern des Südens hilft Unilever, von dort unbehelligt problematische Rohstoffe zu beziehen und gleichzeitig seine Märkte zu erweitern. Mehr als die Hälfte seines Umsatzes macht der Lebensmittelmulti nämlich in sogenannten Schwellenländern. Und zwar, indem er unter dem Deckmäntelchen der »Entwicklungshilfe« seine überflüssigen Produkte in kleinen Größen günstig an Arme verkauft. Was wiederum zu einem riesigen Müllproblem in diesen Ländern führt: Im September 2017 sammelten philippinische Greenpeace-Aktivisten an einem Strand nahe der Hauptstadt Manila mehr als 54 000 Plastikabfälle ein. Die meisten stammten von Nestlé, Unilever und Procter & Gamble.

Unilever wirbt damit, hundert Prozent nachhaltiges Palmöl zu kaufen. Trotzdem kann der Konzern nicht ausschließen, dass in seinen Produkten blutiges und illegales Palmöl steckt. Denn Unilever bezieht drei Viertel des Rohstoffs über das sogenannte Book & Claim-System.[90] Darüber kaufen Firmen lediglich Zertifikate für die von ihnen benötigten Mengen Palmöls mit Nachhaltigkeitssiegel. Sie können so nur garantieren, dass irgendwo auf der Welt die entsprechende Menge nachhaltig gesiegelten Palmöls in den Mengen produziert wurde, für die sie Zertifikate gekauft haben. Nur dreißig Prozent des Palmöls, das Unilever verwendet, ist überhaupt zertifiziert. Den größten Teil davon wiederum bezieht Unilever über das Massenbilanzsystem, das aber in den Tanks mit nicht zertifiziertem Palmöl gemischt wird. Nur ein winzig kleiner Teil ist Palmöl, das in der Lieferkette von nichtzertifiziertem Fett getrennt wird (RSPO Segregated). Vom meisten Palmöl also, das Unilever bezieht, kann das Unternehmen nicht wissen, woher es wirklich kommt. Wie aber das rückverfolgbare Palmöl tatsächlich hergestellt wurde, das steht auf einem ganz anderen Blatt.

NGOs als grüne Helfer der Industrie

Eine besondere Rolle bei der Erfindung des nachhaltigen Palmöls spielt der WWF. Nach Meinung vieler NGOs, insbesondere lokaler Aktivisten wie Feri, ist es der Mitbegründer WWF, der dem Runden Tisch für nachhaltiges Palmöl grüne Glaubwürdigkeit verleiht. Mit einem Kapital von mehr als 300 Millionen Dollar,[91] 5000 Mitarbeitern und fünf Millionen Spendern ist er eine der größten Naturschutzorganisationen der Welt. Vier Prozent der Einnahmen des WWF International stammen von Unternehmen. »Durch strategische Kooperationen mit wichtigen Wirtschaftsträgern nimmt der WWF Einfluss auf die Förderung von ökologisch nachhaltigem wirtschaftlichem Handeln. Wir arbeiten mit Unternehmen zusammen, um sie zu verändern. Die Wirtschaft schätzt den WWF als kompetenten, verlässlichen, aber unabhängigen Partner, weil er wichtige Probleme anspricht und innovative Lösungswege aufzeigt.« So erklärt der WWF seine Kooperation mit der Industrie.[92]

Der WWF ist keine Organisation, die aus der Zivilgesellschaft heraus entstand. Er wurde 1961 von Adligen, Großwildjägern, Industriellen und Millionären gegründet, um für genau diese Klientel vermeintlich unberührte Naturparadiese zu schützen.

Nationalparks einzurichten, aus denen dann Indigene vertrieben werden – das gehört zur unrühmlichen Geschichte der Organisation, die, trotz Aufarbeitung, noch heute ideologisch nachzuwirken scheint. Zwar erkannte der WWF 1996 in einer Grundsatzerklärung die Rechte indigener Völker an.[93] Darin steht aber auch dieser bemerkenswerte Satz: »Der WWF behält sich vor, Aktivitäten, die seiner Ansicht nach für Arten oder Ökosysteme nicht nachhaltig oder nicht mit der Politik des WWF für gefährdete oder bedrohte Arten (...) zu vereinbaren sind, nicht zu unterstützen bzw. diese abzulehnen, selbst dann, wenn sie von indigenen Gemeinschaften betrieben werden.«[94]

So ist das mit den Eingeborenen: Verhalten sie sich nicht nach den Vorstellungen des WWF, sind sie schlecht fürs ökologische Gleichgewicht. Aber natürlich werden 99,9 Prozent aller »nicht nachhaltigen Aktivitäten« von Papier-, Holz-, Soja-, Fleisch- und Palmölkonzernen begangen, auch solchen, mit denen der WWF an Runden Tischen sitzt. Mit der Kriminalisierung Indigener und Bauern demonstriert der reiche Westen abermals seine Dominanz. Dazu gehört auch die Deutungshoheit darüber, wie viel Natur wo, von wem und für wen geschützt werden soll. So geht grüner Kolonialismus.

Im Januar 2017 reichte die NGO Survival International bei der Organisation für wirtschaftliche Zusammenarbeit und Entwicklung (OECD) Beschwerde gegen den WWF ein.[95] Der hatte die Regierung Kameruns angeregt, im Südosten Kameruns Wildschutzzonen einzurichten. Offenbar gegen den Willen des Pygmäenvolks der Baka. Vom WWF ausgebildete und mitfinanzierte Wildhüter, sogenannte Eco Guards, sollen laut Survival International das Jagdverbot, das in den Reservaten herrscht, gewalttätig durchsetzen. Die Baka würden geschlagen, bestohlen und ihre Hütten dem Erdboden gleichgemacht. Zum ersten Mal steht nun eine gemeinnützige Organisation vor dem Schiedsgericht, das die OECD für multinationale Konzerne eingerichtet hat. Interessant ist die Begründung der OECD: Zwar sei das Geschäft des WWF nicht per se kommerzieller Natur. Doch seine vielfältigen wirtschaftlichen Tätigkeiten sprächen dafür, die Beschwerde zuzulassen.

»Wie Marken helfen können, die Artenvielfalt zu erhalten«, lautete ein TED Talk,[96] den Jason Clay 2010 hielt. Er ist beim WWF International für Ernährung, Landwirtschaft und globale Märkte zuständig. Könnte man hundert wichtige Firmen überzeugen, nachhaltig zu werden, würden sich die internationalen Märkte so verändern, dass der Planet, »dem unser Konsum bereits entwachsen ist«, beschützt würde, sagt Clay. Also wolle der WWF sie »umarmen«.

Es ist eine neoliberale Ideologie, nach der die Mithilfe und nicht etwa die Abschaffung der Großkonzerne genauso alternativlos ist wie das neokoloniale Cash-Crop-Regime, wenn es um die Rettung des Planeten geht. Dieses grüne TINA-Prinzip findet seine praktische Umsetzung an den Runden Tischen, die den systematischen Raubbau an der Natur als nachhaltig zertifizieren. Der WWF hat dieses Konzept quasi erfunden und gemeinsam mit der Industrie neben dem RSPO eine Reihe Siegelinitiativen für hochproblematische Rohstoffe mitgegründet: das Forest Stewartship Council mit dem FSC-Siegel für nachhaltige Forstwirtschaft, das Marine Stewardship Council, das nachhaltige Fischerei mit dem MSC-Siegel zertifiziert, des Aquaculture Stewardship Council mit dem ASC-Siegel für Fische und Shrimps aus Zuchtbecken sowie Runde Tische für Rindfleisch (Global

Roundtable on Sustainable Beef – GRSB) und Soja (Roundtable on responsible Soy – RTRS) sowie die Initiative für bessere Baumwolle (Better Cotton Initiative – BCI).

Sie arbeiten nicht an einer Reduktion der Rohstoffe, sondern an der Produktionssteigerung. Sie stärken die Marken der Konzerne, bieten ihnen Rohstoffzugang, sichern deren Milliardengewinne und stärken damit ihre Macht. Deswegen ist auch jede dieser Initiativen in die Kritik geraten: Laut verschiedenen Studien des Kieler Geomar-Instituts stammt auch MSC-zertifizierter Fisch aus überfischten Beständen,[97] Holz aus Kahlschlag und illegaler Rodung tragen das FSC-Siegel,[98] der Runde Tisch für verantwortungsvolles Soja und die Better Cotton Initiative erlauben gentechnisch verändertes Saatgut.

Wilfried Huismann hat 2012 das *Schwarzbuch WWF. Dunkle Geschäfte im Zeichen des Panda* geschrieben und den Film *Der Pakt mit dem Panda* gedreht. Er bezeichnet den WWF als »Weltmacht der Green Economy«. Der WWF ging gegen Buch und Film juristisch vor, warf dem Autor sachliche Fehler vor und erreichte, dass zwanzig Passagen im Buch geschwärzt werden mussten. Die grundsätzlichen Vorwürfe aber konnte der WWF nicht widerlegen.

»Der WWF ist auf seine Art Teil eines globalen Steuerungssystems, mit dem die Weltagrarordnung durchgesetzt werden soll«, schreibt Huismann. So werden die Länder des Südens zu reinen Rohstofflieferanten degradiert; dass Konzerne sie erschließen und ausbeuten dürfen, erhält durch speziell eingerichtete »Schutzgebiete« den Anschein der Legitimität. Dreh- und Angelpunkte aber bleiben die Industrie und ihre Lieferketten, nicht die Interessen der lokalen Bevölkerung. Und das ist zutiefst antidemokratisch. »Es ist ein Ökosystem-Syndikat, das unsere Welt in Nationalparks und Plantagen aufteilt und das Volk einfach ignoriert«, kritisiert Feri Irawan.

1997 schloss sich der WWF mit der Weltbank zur »Allianz für den Erhalt und für nachhaltige Nutzung von Wäldern« (WWF-World Bank Alliance Global Collaboration for Forest Conservation and Sustainable Use) zusammen. Das formulierte Ziel: mindestens zehn Prozent der Wälder der Welt zu erhalten und dafür geschützte Gebiete einzurichten.[99] Klar, dass dieses Ziel und dessen Umsetzung nicht mit denen ausgehandelt wurde, die in und von den Wäldern leben. Der grüne Kolonialismus ignoriert nicht nur die politischen Forderungen nach sozialer und ökologischer Gerechtigkeit der lokalen Gemeinden, er sabotiert so auch deren Kampf gegen die Palmölmafia.

»Kein Palmöl ist auch keine Lösung« – mit diesem Satz kündigte der WWF im August 2016 seine Studie *Auf der Ölspur. Berechnungen zu einer palmölfreien Welt* an.[100] Würde man das Palmöl in den Produkten schlicht durch andere Öle austauschen, also etwa durch Kokos-, Soja-, Sonnenblumen- und Rapsöl, dann würde noch mehr Fläche verbraucht werden, der Ausstoß von Treibhausgasen würde ansteigen und noch mehr Biodiversität wäre gefährdet. Und zwar auch dann, wenn durch den (auch vom WWF geforderten) Ausstieg der EU aus dem Biosprit und ein geändertes Konsumverhalten der Verbrauch von Palmöl halbiert würde. Es stimmt, dass Ölpalmen, die nur in den Tropen angebaut werden können, ertragreicher sind als andere Ölpflanzen. Allerdings – und das ist der wirklich himmelschreiende Irrsinn – wird Palmöl vor allem für Produkte verwendet, die in Wahrheit kein Mensch braucht: für Biodiesel, der das Klima nicht schützt. Als Futter in der Massentierhaltung, die ihrerseits gigantisches Leid und Umweltschäden verursacht. Für Kosmetika. Und für industrielles Plastikessen, das dick und krank macht. Jüngsten Studien zufolge kann Palmöl in verarbeiteten Lebensmitteln sogar krebserregend sein.[101]

Doch die WWF-Studie – und vor allem die Berichterstattung darüber – lassen Palmöl als »kleineres Übel«, ja, gar als umweltfreundlichere Alternative erscheinen und den Runden Tisch für nachhaltiges Palmöl als Lösung. Die Industrie nahm die Botschaft »ohne Palmöl geht es nicht« dankbar auf. Zum Beispiel Unilever: Die massenhafte Verwendung von Palmöl rechtfertigt der Konzern seitdem mit der WWF-Studie und bewirbt damit sein Nachhaltigkeitsengagement.[102]

Greenpeace in der Pragmatismusfalle

»Man muss aufhören, Nutella zu essen.« Das Medienecho war riesig, als die französische Umweltministerin Ségolène Royal im Juni 2015 zum Boykott der Nuss-Nougat-Creme von Ferrero aufrief. Der Brotaufstrich enthalte immens viel Palmöl, für dessen Verwendung große Waldflächen vernichtet würden. Nur zwei Tage später entschuldigte sich die Ministerin und zog den Boykottaufruf zurück. Was war geschehen?

Die italienische Regierung hatte sich lautstark über ihre Initiative beschwert, Ferrero hatte ebenfalls Alarm geschlagen. Und der Süßwarenkonzern erhielt ausgerechnet von Greenpeace Schützenhilfe: Ein Boykott, so ließ die NGO verlauten, würde die Probleme nicht lösen. Außerdem verfolge Ferrero eine ambitionierte Strategie, um ausschließlich zertifiziertes Palmöl zu beziehen.

Eine erstaunliche Reaktion. Seit seiner Gründung hat Greenpeace den Runden Tisch für nachhaltiges Palmöl kritisiert. Über die Verstöße der Mitglieder und die komplizierten Verwicklungen von Banken, Palmöl- und Konsumgüterfirmen hat Greenpeace zahlreiche Studien verfasst und Konzerne an den Pranger gestellt, auch Ferrero.

»Name and Shame« ist ein Kampagnenkonzept von Greenpeace. Die NGO weist Markenfirmen Vergehen nach und nutzt die Empörung, um sie an den Verhandlungstisch zu bringen. »Das schmutzige Geheimnis von Procter&Gamble«, hieß die Greenpeace-Kampagne gegen den Wilmar-Kunden, die 400 000 Leute mit einer Protestmail an Procter&Gamble unterstützten. Der Konzern reagierte, präsentierte eine eigene Waldschutzrichtlinie und kündigte an, bis 2020 »schmutziges Palmöl aus den Produkten zu verbannen«. 250 Konsumgüterkonzerne wollte Greenpeace 2013 zu einer »besseren« Palmölbeschaffung bewegen. Neben Procter&Gamble haben auch Ferrero, Mars, Nestlé und Unilever ähnlich wohlklingende Palmöl-Strategien veröffentlicht.[103] Greenpeace hat mit der Palmöl-Kampagne nicht nur Konsumgüterkonzerne, sondern auch umstrittene Papier- und Palmölkonzerne in Indonesien zu öffentlichen »Null Abholzung«-Statements bewegt. Darin kooperierte Greenpeace Indonesia mit dem Papier- und Zellstoffkonzern Asia Pulp and Paper (PT APP) des Palmöl-Giganten Sinar Mas, der allein 20 000 Quadratkilometer Tropenwald vernichtet haben soll, und Golden Agri Ressources, ebenfalls eine Sinar-Mas-Tochter. Im Dezember 2013 veröffentlicht auch der Wilmar-Konzern seinen »No deforestation. No peat.[104] No exploitation«-Plan. »You did it!«, jauchzte Greenpeace International daraufhin, »das könnte ein riesiger Gewinn für Indonesiens Wälder sein.«

»Wenn eine Firma sagt, wir verpflichten uns, schmutziges Palmöl aus unseren Lieferketten zu verbannen, würdigen wir das im ersten Schritt. Im zweiten müssen wir sehen, dass sie das auch tatsächlich tun. Deshalb wollen wir in Zukunft viel stärker auf Rückverfolgbarkeit achten und herausfinden, wo die Konzessionen liegen und wem sie gehören. Sodass man klar sehen kann, was da passiert und wer verantwortlich ist«, sagt Greenpeace-Waldexpertin Gesche Jürgens.

Denn Greenpeace hat, auf Basis des RSPO, 2013 mit der Industrie selbst eine Art Runden Tisch gegründet, die Palmoil Innovation Group. Der gehören Ferrero, Danone und L'Oréal an, die Palmölkonzerne Musim Mas, Agropalma und Daabon, sowie, abermals, der WWF.

»Die POIG wird beweisen, dass die Industrie die Verbindung zwischen Entwaldung, Menschen-, Land- und Arbeitsrechtsverletzung und Palmölproduktion kappen kann, indem sie anspruchsvolle Standards aufstellt und umsetzt«[105], heißt es in der Satzung. Tatsächlich sind die weiterentwickelten RSPO-Standards der POIG sehr viel strenger – aber sie sind ebenfalls freiwillig. Damit ist ja schon der RSPO gescheitert. Wieso sollten Palmölkonzerne, die selbst gegen die Minimalstandards des RSPO notorisch verstoßen, freiwillig noch strengere Standards einhalten?

»Wir halten es für illusorisch, zu glauben, Palmöl würde verschwinden, wenn wir das sagen. Wir sind nicht gegen Palmöl, sondern suchen nach Möglichkeiten, wie man den Wald und die Torfböden, die noch da sind, erhalten kann«, sagt Waldexpertin Jürgens. Das klingt nicht so anders als beim WWF. Gut möglich, dass der WWF mit seinem Engagement für »nachhaltiges Palmöl« die NGO-Konkurrenz unter Druck setzt, »Erfolge« vorzuweisen. Das mag auch damit zu tun haben, dass viele der Spender, die Greenpeace zum Global Player gemacht haben, zur gut verdienenden Mittelschicht gehören, die für pragmatische und technologische Lösungen besonders aufgeschlossen ist.

Als Beispiel, dass die nachhaltige Produktion von Palmöl möglich ist, dient Greenpeace eine winzige Plantage im Dorf Dosan. Auch der RSPO bewirbt diese als Vorzeigeprojekt in der Provinz Riau in Südsumatra. Dort betreibt die Kooperative Bungo Tanjung sieben Quadratkilometer Plantage. Laut Greenpeace wird dort kein Wald für die Expansion der Plantage abgeholzt, die Bauern würden mit fortschrittlichen Anbaumethoden die Produktivität in der bereits bestehenden verbessern, außerdem hätten sie der Brandrodung abgeschworen. Für die massenhafte Nachfrage sind solche kleinformatigen Projekte allerdings kein Modell, selbst dann nicht, wenn die EU aus dem Biosprit aussteigt (wofür auch Greenpeace schon lange kämpft). Denn alleine der Palmölhunger von Unilever verschlingt eine Fläche von viertausend Quadratkilometern Plantagen. Das ist mehr als 570-mal größer als der Acker in Dosan und beinahe zehn Prozent der Fläche Deutschlands. Selbst wenn es der Kooperative gelänge, doppelt so viel Öl auf derselben Fläche herzustellen, würde der Ertrag noch immer nicht für ein einziges Unternehmen wie Unilever reichen.

Die Geschichte des heutigen Vorzeigeprojekts ist allerdings genauso brutal wie jede andere im Palmölland: Dosan war einst von wertvollem Torfwald- und Moorgebiet umgeben. In den achtziger Jahren hat die indonesische Regierung die Gegend »erschlossen« – durch massive Abholzung und Trockenlegung der Torfböden. Irgendwann wurden darauf Palmölmonokulturen angelegt. Die Dorfgemeinde verarmte, weil sie keinen Reis mehr pflanzen und keine Fische mehr essen konnte, denn Boden und Wasser waren schnell vergiftet. Im Jahr 2000 überließ die

Regionalregierung dem Dorf für ein »Kleinbauern-Palmölprojekt« das degradierte Land. NGOs und selbst die Umweltorganisation der Vereinten Nationen (UNEP) unterstützen den Palmölanbau darauf.[106] Die Bauern, die einst von den Wäldern lebten, hatten also kaum eine andere Wahl, als Palmöl zu produzieren. Ist das dann wirklich nachhaltiges Palmöl – oder nur eine grüne Variante von Katastrophenkapitalismus?

»Die transnationalen NGOs verfolgen eine Abkürzungsstrategie: Sie haben keinen Einfluss auf die Politik vor Ort, also versuchen sie, über die Lieferketten etwas zu ändern. Die Idee, dass man kritische Käufer und damit die Unternehmen unter Druck setzt, damit sie irgendwelche Standards umsetzen, das führt dann zu genau solchen Sachen wie dem RSPO«, kritisiert der Südostasienwissenschaftler Oliver Pye. »Diese Vorstellung, man könne von innen heraus etwas ändern, entsteht aus Machtlosigkeit. Aber aus Sicht der NGOs ist das super: Die sitzen am Tisch mit denen, die die Macht haben, und können ihr Anliegen einbringen. Eigentlich steht in den RSPO-Prinzipien ja alles drin, was NGOs haben wollen.« Pye hält diesen Ansatz für falsch. »Es ist kein Widerstand, sondern eine Top-down-Strategie. Man redet mit Managern, damit sie ihre Ausbeutungspraxis verändern. Aber das sind nicht die Strategien der transnationalen und lokalen sozialen Bewegungen.« Diese kämpfen vielmehr für den Erhalt ihrer Wälder und für Landrechte. Indem sie diese auch vor Gericht nachweisen, haben sie erreicht, dass auf vielen Konzessionen nicht abgeholzt wurde. Damit konnten sie tatsächlich schon Wald retten. Möglicherweise sogar mehr als alle großen NGOs zusammen.

Auch Feri Irawan ist ein solcher Coup gelungen: Der Waldbauernsohn, gelernter Bauingenieur und Landvermesser, hat gemeinsam mit seinem Dorf Karang Mendapo auf Sumatra Land zurückerobert, das der Konzern Sinar Mas ihnen 2003 geraubt hatte. An einem einzigen Tag holzte der Palmölkonzern den Wald darauf ab und legte Palmölmonokulturen an. Doch Feri und das Dorf wehrten sich: Jetzt wächst wieder Wald da, wo einst Ölpalmen standen – und auch die Tiger sind zurückgekehrt.

Grüne Feuerteufel

Werner und ich schlendern durch die Ausstellungshalle im Bali Nusa Dua Convention Center. Während der Palmölkonferenz GAPKI präsentieren sich dort Palmölfirmen, Landmaschinenhersteller und Produzenten von Dünger und Pestiziden wie Dow Chemical. Am Eingang fällt ein Stand besonders auf: Er ist riesig und mit Holzschnitzereien verziert und soll an ein traditionelles indonesisches Langhaus erinnern. Auf einem kleinen Podest tanzt eine alte Dayak-Frau in Tracht mit Kindern, die Federschmuck auf dem Kopf tragen. Ein Musiker spielt indigene Klänge auf einem bemalten Saiteninstrument. Vom Band ertönen Vogelgezwitscher und Urwaldgeräusche. An den Wänden hängen Fotos von Orang-Utans, schönen Wäldern und glücklich lächelnden Eingeborenen. »Poverty to Prosperity« steht unter den Bildern. Es sieht aus wie die Präsentation einer größeren NGO. An den Wänden prangt das Emblem mit dem grünen Frosch der US-amerikanischen Siegelorganisation Rainforest Alliance. Wir stehen am Stand des Palmölkonzerns Makin Group. Es ist die Abkürzung für Matahari Kahuripan Indonesia, Matahari heißt Sonne. »Die Makin Group, wo Menschlichkeit, Produktivität und Umwelt harmonisch zusammenwirken, wurde mit dem Traum gegründet, ein besseres Leben für die Menschen zu schaffen.« Mit Palmöl, was sonst. Die Makin Group gehört zu den Sponsoren der indonesischen Palmölkonferenz GAPKI.

Chris Ichsan schwärmt uns von der »Balance« und »Harmonie« vor, bis Werner den Sprecher der Makin Group schließlich unterbricht: »Wie war das denn bei den Waldbränden. Hatte Ihre Firma irgend etwas damit zu tun?«

»Nein. Wir haben nichts mit Waldbränden zu tun. Niemals!«

»Vielleicht erzählen Sie mir hier was über Harmonie, aber womöglich zeigen Sie ein Pokerface?«

»Wenn Sie das herausfinden wollen, müssen Sie die Dörfer und Plantagen besuchen. Sie müssen ins Gelände gehen.«

Genau da, aber das verraten wir dem guten Mann natürlich in diesem Moment nicht, waren wir schon. In Jambi, auf dem Aschefeld. Die Firma PT Ricky Kurniawan Kertapersada (PT RKK), die Feri Irawan dort der Brandstiftung überführt und deren Manager ins Gefängnis gebracht hatte, ist eine Tochterfirma der Makin Group. Makin Group und PT RKK liefern Palmöl an Wilmar.

Wilmar liefert Palmöl an Unilever. Und Unilever verkauft seine Produkte mit dem Versprechen, hundert Prozent nachhaltiges Palmöl zu verwenden.

»Je mehr Freiheit dem Handel zugestanden wird, desto mehr
Gefängnisse müssen für diejenigen errichtet werden, die diesem
Handel zum Opfer fallen.«

Eduardo Galeano, *Die offenen Adern Lateinamerikas*

V. STAATLICHLICHES GREENWASHING

Wie die Politik Unternehmen beschützt und Menschenrechte verletzt

Der Mann rauft sich die Haare, Augen und Mund hat er weit
weit aufgerissen. »Ach du meine Güte, Siegel!«, steht in einer
Sprechblase.[107] Mit dem Foto des überdramatisch verzweifelten
Verbrauchers bewirbt die Bundesregierung ihr Online-Portal
www.siegelklarheit.de. Damit will sie für »Klarheit und Wahrheit« in puncto Umwelt- und Sozialversprechen von Konzernen
sorgen. Sie hat offenbar gemerkt: »Je undurchsichtiger die ›Landschaft‹ der verschiedenen Siegel ist, umso größer ist auch das Risiko von ›Greenwashing‹.« Knapp eine Viertelmillion Euro und
weitere 30 000 pro Jahr kostet das Projekt, das aus dem »Qualitätscheck Nachhaltigkeit« der Bundesregierung entstanden ist.
Auf diesem Portal bewerten Fachleute Umwelt- und Sozialsie-
gel für Kleidung, Holz, Lebensmittel, Reinigungsmittel und Papier danach, wie glaubwürdig und empfehlenswert diese sind.
Tatsächlich prangen mittlerweile so viele Unbedenklichkeitsbe-
scheinigungen auf Konsumprodukten, dass selbst Verbraucher-
schützer den Überblick verloren haben. Sie schätzen, dass es
derzeit mehr als tausend Label und Siegel gibt.

Deshalb ist das Siegelportal, das das Bundesministerium für wirtschaftliche Zusammenarbeit und Entwicklung (BMZ) und die Gesellschaft für internationale Zusammenarbeit (GIZ) ins Leben gerufen haben, auch nicht die frischeste Idee: Online-Portale und Apps, die »Orientierung im Labeldschungel« versprechen, gibt es bereits zuhauf. (Beispielsweise www.label-online. de des Vereins Die Verbraucherinitiative, ebenfalls von verschiedenen Bundesministerien finanziell gefördert.) Um ein bisschen Aufmerksamkeit zu generieren, hat sich die Regierung gleich zu Beginn für ihr eigenes Projekt selbst ausgezeichnet: Der Staatssekretärsausschuss für nachhaltige Entwicklung (unter Kanzleramtschef Peter Altmaier) hat die Datenbank zum »Leuchtturmprojekt zur nachhaltigen Entwicklung 2015« erkoren. »Erstmals wurde von staatlicher Stelle und von mehreren Bundesressorts gemeinsam festgelegt, was ein glaubwürdiges und anspruchsvolles Siegel hinsichtlich Umwelt- und Sozialaspekten ausmacht«, lobt die Bundesregierung sich selbst. Ziel sei es, mehr Transparenz für Konsumenten, Institutionen, Regierungen und öffentliche Beschaffung herzustellen. Dafür klopfen etwa zweihundert Experten die Siegel nach mehr als vierhundert verschiedenen Kriterien ab. Sagt die Regierung also ernsthaft den grünen Lügen der Industrie den Kampf an?

Bundesentwicklungsminister Gerd Müller belehrt uns eines Besseren. »Verbraucherinnen und Verbraucher haben es selbst in der Hand, sich für ein Produkt zu entscheiden, das unter menschenwürdigen Produktionsbedingungen, ökologisch und sozial vertretbar hergestellt wurde.« Damit entzieht die Politik sich wieder einmal ihrer Aufgabe, Unternehmen ordnungspolitisch einzuhegen und sie zum ökologisch wie sozial gerechten Wirtschaften zu zwingen – und schiebt stattdessen die Verantwortung dem Verbraucher zu. Der soll schön weiter verbrauchen, sich nun aber außerdem noch zuvor informieren und dabei an den (freiwilligen!) Öko- und Sozialversprechen der Konzerne orientieren, deren Lobbyisten jede Regulierung zu verhindern wissen.

Bewertet werden die Siegel dabei nach Glaubwürdigkeit, Umweltfreundlichkeit und Sozialverträglichkeit. Sind nur zwei dieser Mindestanforderungen erfüllt, dann erhält das Siegel bereits das Prädikat »gute Wahl« und wird mit einem lächelnden blaugrünen Smiley empfohlen. »Sehr gute Wahl« heißt es, wenn das Siegel über die Mindestanforderungen hinaus mindestens 70 Punkte bei den Kriterien Glaubwürdigkeit sowie Umwelt oder Soziales bekommt. Dann strahlt ein dunkelgrünes Smiley den Verbraucher an.

Eines von beiden, Umwelt *oder* Soziales, genügt. Als könnte man Menschen- und Arbeitsrechte gegen Umweltschutz aufrechnen. »Wer beim Kauf hierauf achtet, kann dazu beitragen, dass mehr und mehr Unternehmen weltweit ihre Textilien ökologisch nachhaltig und sozial verantwortungsvoll herstellen«, behauptet die Bundesregierung. Der aber gilt ein Siegel bereits dann als »sehr gute Wahl«, wenn nicht einmal die sozialen oder ökologischen Mindestanforderungen alle erfüllt sind. Wenn zum Beispiel keine existenzsichernden Löhne gezahlt werden oder Arbeitsschutz nicht ausreichend gewährleistet ist. Oder wenn der Umgang mit Dünger und Pestiziden zu beanstanden ist. Klingt kompliziert, vage und undurchsichtig? Ist es auch. Schlimmer noch: Die Standards der staatlichen Siegelprüfung sind noch schwächer als manche der bewerteten Siegel selbst.

So kommt es, dass im Segment Textilien zwei Industriesiegel für Baumwolle als »gute Wahl« empfohlen werden, die jeweils als schwache Standards gelten: das Siegel der Initiative Cotton made in Africa (CimA), das von der Aid by Trade-Stiftung des Otto-Konzerns initiiert wurde, und das Siegel der Better Cotton Initiative (BCI), gegründet unter anderem von Adidas, H&M, Ikea und WWF. Bei beiden handelt es sich weder um Bio- noch um fair gehandelte Baumwolle, sondern um einen »verbesserten« konventionellen Anbau für den Massenmarkt – Produktionssteigerung inklusive. Während der Marktanteil solcher Baumwolle wächst, stagniert der von ökologisch angebauter Baumwolle. CimA schränkt die Verwendung von Dünger und Pestiziden nur wenig ein, außerdem bekommen die Baumwollbauern keine Prämie für eine umweltfreundlichere Produktionsweise. In der Better Cotton Initiative ist nicht einmal gentechnisch verändertes Saatgut verboten. Dabei benötigt dieses besonders viele Pestizide und hält die Bauern in Abhängigkeit, weil sie das lizenzierte Saatgut und das zugehörige Gift jährlich neu kaufen müssen. Höhere Preise werden dort ebenfalls nicht bezahlt. Existenzsichernde Einkommen für Feldarbeiter gibt es in beiden Fällen nicht. Cargill, der zweitgrößte Agrarhändler der Welt, ist bei beiden Projekten Partner.

Doch solche Mängel werden auf der Seite über Siegelklarheit bewusst unter den Teppich gekehrt: »Insgesamt ist uns daran gelegen, mit dem Portal Anreize für stetige Verbesserung der Siegel und Standards zu geben. Ziel ist also nicht, bestimmte Systeme ›abzustrafen‹, sondern vielmehr durch eine transparente Darstellung Entscheidungshilfen und Vergleichsmöglichkeiten zu geben. Wir möchten Verbraucher damit in die Lage versetzen, entsprechend ihrer persönlichen Überzeugungen einzukaufen – und wichtige Signale in die Wertschöpfungskette zu senden«, sagt die GIZ. Missstände zu verschweigen ist aber das exakte Gegenteil von Transparenz. Vielleicht ist der Regierung ja daran gelegen, Cotton made in Africa besonders gut erscheinen zu lassen – schließlich hat das BMZ 20 Millionen Euro in die öffentlich-private Partnerschaft investiert, in der auch die GIZ Projektpartner ist. Beide sitzen im Bewertungsgremium des Siegelportals.

Nun verhält es sich mit wohlklingenden Begriffen wie »Transparenz«, »Nachhaltigkeit« oder »Verantwortung« so wie mit »Qualität« bei Tütensuppen: Je mehr sie betont werden, desto misstrauischer darf man sein. Tatsächlich gibt die Regierung zu: »Unsere Analyse beruht ausschließlich auf der Prüfung von Dokumenten. Wir führen keine Vor-Ort-Prüfungen durch. Das heißt, wir können keine Aussagen darüber treffen, welche Wirkungen vor Ort tatsächlich erzielt werden.« Ohnehin braucht es Unbedenklichkeitssiegel ja vor allem für Produkte, deren Herstellung ökologisch und sozial desaströs ist und deren lange Lieferkette niemand mehr überblicken kann. Nach wie vor ist es profitabler, in Ländern zu produzieren, wo Sozial- und Umweltstandards eben keine Rolle spielen. Wenn hier also nur bewertet wird, wie »anspruchsvoll« die freiwilligen Versprechen der jeweiligen Siegelinitiativen sind – nicht, ob und wie sie wirklich umgesetzt werden und ob sie die versprochene Wirkung erzielen –, dann handelt es sich bei www.siegelklarheit.de um staatlich finanziertes Greenwashing.

Nun ist es zwar so, dass die Internetseite kaum wahrgenommen wird: Nur 5 200 Bürger haben die dazugehörige App heruntergeladen, die Seite hatte 2015 nur etwas mehr als zweitausend Besucher im Monat.[108] Das ist aber nur ein Teil der Wahrheit: denn die kruden Bewertungskriterien bilden die Grundlage für die steuerfinanzierte öffentliche Beschaffung. Für Büromaterial, Dienstkleidung, Parkbänke, Kantinenkaffee bis hin zu Stadtbussen gibt die Regierung 260 Milliarden Euro pro Jahr aus. Die nachhaltige öffentliche Beschaffung wiederum ist Teil der nationalen Nachhaltigkeitsstrategie, mit der die Bundesregierung die Anforderungen der Sustainable Developement Goals der Vereinten Nationen erfüllen will.[109] Der »Qualitätscheck Nachhaltigkeit« ist ebenfalls ein Baustein davon.

Freiwilligkeit statt Gesetze

Wie viele andere Staaten in den kapitalistischen Zentren setzt auch die Bundesregierung auf freiwillige Unternehmensverantwortung, die sogenannte Corporate Social Responsibility, kurz: CSR. CSR soll soziale und ökologische Probleme durch Wirtschaftswachstum und besseres Management beheben – mit selbstgewählten und unverbindlichen Unternehmensinitiativen, die »über das Gesetz hinaus« gehen. Dazu gehören die Arbeit mit wirtschaftsfreundlichen NGOs, Verhaltenskodizes, Öko- und Sozialprojekte, eigene Zertifizierungssysteme, Mitgliedschaften an Runden Tischen von Politik, NGOs und Unternehmen – alles, was das Kerngeschäft nicht einschränkt und den Profit nicht schmälert. CSR ist ein Moral-Tool, mit dem sich Firmen als Problemlöser inszenieren und sich so aus der Schusslinie von Politik und Gesellschaft bringen. Kein Wunder, dass alle großen Konzerne eine CSR-Abteilung haben, in der Marketing- und PR-Profis am grünen und sozialen Image basteln. Hierbei werden sie von Regierungen, der EU und den Vereinten Nationen fleißig unterstützt.

Die größte CSR-Initiative der Welt ist der Global Compact der Vereinten Nationen. Diesen Pakt mit der Industrie hatte der damalige UN-Generalsekretär Kofi Annan 1999 beim Weltwirtschaftsforum in, wo sonst, Davos angeregt, um die Globalisierung »sozialer und ökologischer« zu gestalten. Mittlerweile sind

9 454 globale Unternehmen dem Bündnis beigetreten. Die Mitglieder sollen sich – freiwillig, versteht sich – an zehn Prinzipien halten. Darunter: nicht bei Menschenrechtsverletzungen mitwirken, die Rechte von Beschäftigten inklusive Kollektivverhandlungen anerkennen, Zwangsarbeit ausschließen, an der Abschaffung von Kinderarbeit mitwirken, gegen Korruption eintreten und Umweltgefährdungen vermeiden. Das Einzige, wozu die Firmen verpflichtet sind, ist, jährlich einen Bericht über ihre »Fortschritte« vorzulegen. Geschieht dies in zwei aufeinanderfolgenden Jahren nicht, wird das Unternehmen ausgeschlossen, kann sich aber erneut bewerben. Andere Sanktionen gibt es nicht. Der Global Compact, dem vonseiten der UN der Hohe Kommissar für Menschenrechte (UNHCHR), die internationale Arbeiterorganisation (ILO), das Umweltprogramm (UNEP) und das Entwicklungsprogramm (UNDP) angehören, überprüft weder den Wahrheitsgehalt der Berichte noch das Gebaren der Firma; er beurteilt diese nicht einmal. So überrascht es kaum, dass selbst Konzerne, denen schwere Umweltzerstörungen und Menschenrechtsverletzungen vorgeworfen werden, unter dem blauen Mantel der UN ihr schädliches Kerngeschäft fröhlich fortsetzen: zum Beispiel der Palmölkonzern Wilmar, die Ölkonzerne Shell und BP, die Bergbauriesen BHP Billiton, Glencore, Rio Tinto und Vale sowie der Gentechnik-Gigant und Glyphosat-Hersteller Monsanto. Sie alle sind Mitglieder des Global Compact.

Auch die Organisation für wirtschaftliche Zusammenarbeit und Entwicklung (OECD) hat einen Verhaltenskodex für multinationale Unternehmen aufgestellt. Die OECD-Leitlinien, die weltweit gültig sind, wurden von 46 Staaten unterzeichnet, darunter zwölf, die nicht zu den OECD-Ländern gehören. Die unterzeichnenden Länder verpflichten sich, eine nationale Kontaktstelle einzurichten. Bei dieser kann jedermann Beschwerde einlegen, wenn ein Konzern gegen die Leitlinien verstoßen hat. In der Regel tun dies Gewerkschaften und NGOs. Sie haben seit 2000 bereits 435 Beschwerden eingereicht. Davon hat allerdings nur ein Prozent zu einer positiven Veränderung geführt.[110] Beinahe die Hälfte aller OECD-Beschwerden von NGOs wurden von den nationalen Kontaktstellen abgewiesen. Die Kontaktstellen sind zumeist in den jeweiligen Wirtschaftsministerien angesiedelt. Und das führt zu strukturellen Interessenskonflikten. In Deutschland ist diese Stelle beim Wirtschaftsministerium in der Abteilung für Außenwirtschaftspolitik angesiedelt, beim Referat für Auslandsinvestitionen, Umschuldungen und Entwicklungsbanken. Dessen Aufgabe besteht eigentlich darin, deutsche Firmen bei ihren Auslandsinvestitionen zu fördern – und nicht etwa darin, sie zu maßregeln oder gar gegen sie vorzugehen.[111] So oder so: Die Richtlinien sind nicht rechtlich bindend, bei Verstößen gibt es keine Sanktionen. Auch die »Vermittlungen« via Beschwerdemechanismus können jederzeit abgebrochen werden.

2001 legte die Europäische Union das *Grünbuch Europäische Rahmenbedingungen für die soziale Verantwortung der Unternehmen der EU (CSR)* vor. Die EU-Kommission definierte CSR darin »als ein Konzept, das den Unternehmen als Grundlage dient, auf freiwilliger Basis soziale Belange und Umweltbelange in ihre Unternehmenstätigkeit und in die Wechselbeziehungen mit den Stakeholdern zu integrieren«. Zehn Jahre später erneuerte die EU die CSR-Strategie – allerdings, nun ja, nicht grundlegend. Dem »modernen Verständnis« nach sei CSR nun die »Verantwortung von Unternehmen für ihre Auswirkungen auf die Gesellschaft«. Man wolle ein »Umfeld schaffen, das

Unternehmen eher dazu veranlasst, freiwillig ihrer sozialen Verantwortung nachzukommen«.

In Deutschland erarbeitet der Rat für nachhaltige Entwicklung CSR-Empfehlungen für Politik und Wirtschaft. Das Beratungsgremium mit Mandat der Bundesregierung besteht aus 15 Personen aus Industrie, Politik und Zivilgesellschaft. Marlehn Thieme vom Rat der Evangelischen Kirche in Deutschland ist Vorsitzende, ihr Stellvertreter ist Olaf Tschimpke, Präsident des Naturschutzbundes. Zu den Mitgliedern, von Bundeskanzlerin Angela Merkel alle drei Jahre berufen, gehörten auch Werner Schnappauf, Hauptgeschäftsführer des Bundesverbands der Chemischen Industrie, und Kathrin Menges vom Chemiekonzern Henkel. Der Nachhaltigkeitsrat, dessen Mitglieder sich unter anderem aus Mitarbeitern der Bertelsmann-Stiftung, Coca Cola, des Gesamtverbandes der Kunststoff verarbeitenden Industrie, Henkel und Rewe zusammensetzt, ist außerdem Partner des Deutschen Nachhaltigkeitspreises, der wiederum ein Teil der deutschen Nachhaltigkeitsstrategie ist. Damit werden Unternehmen ausgezeichnet, die nach Vorstellung der Bundesregierung »wirtschaftlichen Erfolg mit sozialer Verantwortung und Schonung der Umwelt verbinden und nachhaltiges Handeln zu weiterem Wachstum nutzen«. Zum Beispiel so Ökogranaten wie BASF, Bayer, C&A, Daimler, General Electric, Henkel, Procter&Gamble, Puma, Rewe, Siemens, TÜV Rheinland, Unilever und Volkswagen. Sie alle wurden dafür schon einmal nominiert oder haben den Preis bekommen. Einige von ihnen, zum Beispiel Unilever, gleich mehrmals. 2012 sorgte die Nominierung von Unilever für einen Skandal: Im Jahr zuvor hatte eine Tochterfirma von Wilmar International, Unilevers Hauptlieferant für Palmöl, einer Indigenensiedlung in Bungku auf Sumatra die Polizeikampftruppe

Brimob auf den Hals gehetzt. Die schoss auf die Suku Anak Dalam, verjagte sie von deren Grund und walzte ihre 83 Häuser nieder.[112] NGOs wie Rettet den Regenwald und Robin Wood appellierten daraufhin an die Jury des Nachhaltigkeitspreises, Unilever den Preis nicht zuzusprechen. Doch die gab zu Protokoll, Unilever habe »glaubwürdig dargelegt, dass man Beschwerden und Unregelmäßigkeiten nachgeht und Lerneffekte anstrebt«.[113]

Ach so, na dann. Einen Lerneffekt gab es bei den Konzernen ganz gewiss: Sie werden selbst dann mit Preisen behängt, wenn sie in Menschenrechtsverletzungen verwickelt sind. Unilever hatte zwar versprochen, dafür zu sorgen, dass Wilmar die Häuser wiederaufbaut. Den versprochenen Bericht darüber hat Unilever allerdings nie vorgelegt, denn die Häuser wurden nicht wiederaufgebaut.

Für importierte Rohstoffe wie Palmöl und Kakao hat die Bundesregierung Runde Tische eingerichtet, an denen sich Industrie und Handel mit Politik und NGOs treffen. Etwa das Forum Nachhaltiges Palmöl (FONAP), das mit der deutschen Konsumgüterindustrie »gemeinsam tragfähige Lösungen für die Verbesserungen der Praktiken im Palmölsektor« erarbeiten und diese dabei unterstützen will, hundert Prozent nachhaltiges Palmöl zu beziehen – zum Beispiel mit dem umstrittenen RSPO-Siegel. Diesen Runden Tisch für nachhaltiges Palmöl wolle man »verbessern«. Zu den Mitgliedern zählen neben dem WWF (als einziger NGO) die üblichen Verdächtigen, die allesamt großes Interesse am Zugang zu wachsenden Mengen Palmöl haben: die Bundesvereinigung der Ernährungsindustrie, Edeka, Ferrero, Henkel, Rewe und Unilever. Rewe, Unilever und WWF sitzen im Vorstand der Initiative, die zu drei Vierteln aus Steuermitteln bezahlt wird. Welche positive Wirkung FONAP in den vier Jahren seines Bestehens hatte – außer dass es den teilnehmenden Firmen eine staatlich finanzierte Plattform zum Greenwashing gibt – steht in den Sternen.

Ähnlich verhält es sich mit dem Forum Nachhaltiger Kakao. Zu dessen Mitgliedern gehören Aldi, Bayer Crop Science, Cargill, Ferrero, Lidl, Lindt, Mars, Mondelez, Nestlé und Rewe, der Bundesverband der deutschen Süßwarenindustrie, Fairtrade sowie die NGOs Inkota, Rainforest Alliance (die ein umstrittenes Kakaosiegel vergibt) und Südwind. Zusammen wolle man die Lebensbedingungen der Kakao anbauenden Familien verbessern und Biodiversität schützen. Die Mitglieder verpflichten sich, den Anteil nachhaltig angebauten Kakaos in ihren Produkten zu steigern.[114] Allerdings belegt der Bericht zur Lage der Kakaobauern (Cocoa-Barometer), dass sich deren Situation allen Initiativen zum Trotz überhaupt nicht verbessert hat. Zwar sei der Marktanteil zertifizierten Kakaos zwischen 2009 und 2015 von zwei auf sechzehn Prozent gestiegen. Doch nach wie vor lebten die allermeisten Kakaobauern in Afrika in bitterer Armut. In Elfenbeinküste verdienen sie im Schnitt erbärmliche fünfzig Cent am Tag.[115] Von dort kommen drei Viertel des Kakaos, der in Deutschland verzehrt wird. Einige wenige Unternehmen – darunter Nestlé, Mars, Ferrero, Mondelez, die alle auch im Kakaoforum sitzen – kontrollieren achtzig Prozent des globalen Kakaohandels. Deren Lobbyisten haben die Einführung staatlicher Regulierung bereits erfolgreich verhindert. Doch jetzt haben sie ein Problem: Schon bald könnten die Kakaobohnen ausgehen. Denn unter dem massiven Preisdruck der Konzerne mussten viele Kakaobauern in Westafrika aufgeben, und die nachrückenden Generationen interessieren sich nicht mehr für das

Elendsbusiness. Nicht zuletzt sichern Nachhaltigkeitsinitiativen, wie sie die Bundesregierung unterstützt, der Industrie den Zugriff auf den begehrten Rohstoff Kakao. Denn sie sind vor allem auf Produktionssteigerung ausgerichtet. Wenn heute also sämtliche Wirtschaftsbosse beteuern, dass Wachstum ohne »Nachhaltigkeit« gar nicht möglich sei, ist das noch nicht mal gelogen. Um tatsächliche soziale und ökologische Gerechtigkeit geht es dabei aber nicht. Eher darum, Mensch und Natur gerade so weit zu schützen, wie es nötig ist, um sie so lang wie möglich ausbeuten zu können.

Textilbündnis: Politik der ganz kleinen Nadelstiche

Im Juni 2014, ein gutes Jahr nach dem Einsturz des Rana-Plaza-Gebäudes, sah es kurz so aus, als würde Entwicklungsminister Gerd Müller (CSU) so etwas wie Ordnungspolitik machen. Er kündigte ein Textilsiegel an, das die Modeindustrie dazu verpflichten sollte, hohe soziale und ökologische Standards einzuhalten. Wenn das nicht gelänge, werde man über Gesetze nachdenken müssen. Nach dem seit Jahren fortwährenden Massenmord der Textilindustrie an den Arbeiterinnen und Arbeitern in Süd- und Südostasien – seit 2005 sind alleine in Bangladesch und Pakistan mehr als 2000 Menschen bei Bränden und Fabrikeinstürzen getötet worden – wäre ein solches Gesetz auf EU-Ebene überfällig.

Müller gelang es, für sein freiwilliges »Bündnis für nachhaltige Textilien« 60 Teilnehmer zu versammeln. Darunter NGOs wie die Christliche Initiative Romero, Greenpeace, Femnet, Kampagne für Saubere Kleidung und Oxfam, Gewerkschaften, aber auch Firmen wie Adidas, Aldi, C&A, H&M, KiK, Lidl, Metro,

Otto, Puma und Tchibo sowie Handels- und Textilverbände. Gemeinsam erarbeiteten sie einen 65-seitigen Aktionsplan. Der klang ambitioniert: In der gesamten Lieferkette, vom Baumwollfeld bis zur Fertigung, sollten Arbeitssicherheit und existenzsichernde Löhne eingeführt, Kinder- und Zwangsarbeit, sexuelle Belästigung und Diskriminierung verboten, Vereinigungsfreiheit garantiert und giftige Chemikalien beim Baumwollanbau und in der Produktion durch umweltfreundliche ersetzt werden.[116] Diese Ziele wollte man bis 2020 erreichen.

Im Oktober 2014 wollte Müller die Gründung des Bündnisses auf einer Pressekonferenz verkünden. Doch nur kurz vor diesem Datum ließ die Industrie den Minister auflaufen. Der Handelsverband Deutschland (HDE), der Gesamtverband der Textil- und Modeindustrie (t+m), der Verband German Fashion, die Außenhandelsvereinigung des deutschen Einzelhandels (AVE) sowie die meisten große Firmen, darunter Adidas, Otto, Puma und Tchibo, sprangen ab und traten dem Bündnis nicht bei. Der Plan sei »unrealistisch« und »nicht entscheidungsreif«. Und Müller knickte vor der Industrie ein: Während der folgenden Monate ließ er zu, dass die Industrie alle Verbindlichkeiten aus dem Aktionsplan strich. Zunächst zog er den BMZ-Unterabteilungsleiter Dominik Ziller ab, der damit beauftragt war, die Ziele des Bündnisses auszuarbeiten und festzulegen. Dessen engagiertes Auftreten gegenüber Industrie und Verbänden hatten die Teilnehmer aus der Zivilgesellschaft gelobt. Den Verbandsvertretern jedoch erschien er als zu ungestüm.[117] NGOs und Gewerkschaften wurden an den Katzentisch einer »Interims-Steuergruppe« verwiesen, während die Unternehmensverbände den ursprünglich vereinbarten Aktionsplan auseinandernahmen. Laut einem *Spiegel*-Bericht hatte Johannes Merck, Nachhaltigkeitsmanager der Otto Group, zu diesem Zweck die Tochter-firma Systain Consulting GmbH eingeschaltet. Das CSR-Bera-tungsunternehmen arbeitet auch mit Adidas, KiK, Tchibo und anderen großen Bekleidungsfirmen sowie mit der GIZ und dem Außenhandelsverband, die alle im Textilbündnis versammelt sind. In einer Kernarbeitsgruppe hätten sich »sechs Unterneh-mer, ungestört, ohne Minister« beim Handelsverband Deutsch-land getroffen.[118] Im März 2015 stellten sie ihren auf zwölf Sei-ten geschrumpften Aktionsplan vor.[119] Das neue Papier enthielt keinen Zeitplan, keine Eintrittskriterien und keine Verbindlich-keiten mehr, stattdessen den Vorschlag für einen »gemeinsamen Prozess der Zielverfolgung mit dem Zweck der Erreichung der Bündnisstandards und -ziele«. Eine nebulöse Formulierung, die in ihrer Nichtssagenheit Bände spricht. Unternehmen sollten so-genannte »Roadmaps« einreichen, in denen sie selbst definieren sollten, wie und bis wann sie welche sozialen und ökologischen Fortschritte umsetzen wollten. Diese sollten zunächst nach Plau-sibilität bewertet und von 2018 an veröffentlicht werden. Dabei wurde den Firmen zugestanden, »dass die Ziele nicht von allen Partnern auf gleichem Niveau und zum selben Zeitpunkt erfüllt werden können«. Erst als die Standards so niedrig waren, traten die Firmen massenhaft der Initiative bei. Kritiker interpretier-ten das als einen Sieg der Bekleidungsindustrie: »Der neue Ak-tionsplan ist ein Freifahrtschein, mit dem die Unternehmen wei-termachen können wie bisher«, kritisiert Thomas Seibert von Medico International. »Ihnen mit dem Textilbündnis eine Bühne zur Selbstdarstellung einzuräumen kommt einer Verhöhnung der Opfer gleich.«

Dass sich die Textilindustrie einen Dreck um die Bedingungen in ihren Zulieferfabriken schert, bestätigt eindrücklich ein Rundschreiben des Modeverbands German Fashion an die Bündnismitglieder: »Umso wichtiger, dass wir am 13.03.2015 gemeinsam mit t+m und den Verbänden des Handels den Durchbruch geschafft haben und alle problematischen Punkte aus dem Aktionsplan herausverhandeln konnten. Es gibt nun keine Verbindlichkeit mehr, und alle problematischen Ziele werden einvernehmlich als verhandelbar und anpassbar gesehen. Darüber hinaus ist es uns gelungen, für alle Beschlüsse das Einstimmigkeitsprinzip zu verankern, sodass nichts gegen die Interessen der Wirtschaft beschlossen werden kann. (…) Eine Mitgliedschaft hat allerdings den Vorteil, dass damit geworben werden kann und dass man sich quasi unter einen Schutzschirm der Bundesregierung begibt.«[120]

Wäre es nach den Textilverbänden gegangen, hätte selbst das Ministerium nicht mehr zum Bündnis gehört. Das regte Ottos Unternehmensberatung Systain Consulting an. Diese Dreistigkeit lehnte Müller zwar ab. Aber das macht es nicht besser. Jetzt wird die Verantwortungslosigkeit der Textilindustrie unter dem »Schutzschirm der Bundesregierung« legitimiert. Müller, der sich gern als moralischer Macher inszeniert, feiert das Bündnis als Erfolg, obwohl mittlerweile mindestens Mitglieder wieder ausgestiegen sind.

Das Textilbündnis half Industrie und Politik, die Öffentlichkeit nach dem 9/11 der Textilindustrie in Bangladesch zu beruhigen. Damit hat Müller den Druck aus dem Kessel genommen, der vielleicht zu einer ordnungspolitischen Wende hätte beitragen können. Nur unter dem massiven Druck von Gesellschaft und NGOs war es ja überhaupt gelungen, zweihundert Handelskonzerne dazu zu zwingen, das Abkommen über Brandschutz und

Gebäudesicherheit (Accord Bangladesh) zu unterzeichnen. Dieses verpflichtet sie dazu, unter Beteiligung lokaler Gewerkschaften Sicherheitsvorkehrungen und Instandsetzungen zu veranlassen und zu bezahlen. Auch der freiwillige Entschädigungsfonds für die Opfer und Angehörigen der Rana-Plaza-Katastrophe, den die Internationale Arbeiterorganisation (ILO) eingerichtet hatte, wäre sonst nicht voll geworden. »Dass Unternehmen mit einem addierten jährlichen Gewinn von über 20 Milliarden US-Dollar zwei Jahre brauchen und erheblichen öffentlichen Druck, um 30 Millionen US-Dollar zusammenzutragen, ist das skandalöse Ergebnis der Freiwilligkeit der Sozialverantwortung von Unternehmen«, kritisiert Gisela Burckhardt von Femnet. Nicht einmal alle, die in Rana Plaza hatten herstellen lassen, zahlten. Zu den Firmen der Schande gehören die Textilbündnismitglieder Adler Modemärkte und NKD.

Zynischerweise führt die ILO jene, die in den Fonds eingezahlt haben, in einer »List of Donors«.[121] Thomas Seibert nennt sie so: »Liste der mittelbar am Tod von 1 127 und der Verletzung von 2 438 Menschen Verantwortlichen. Oder: Liste der Verantwortlichen eines Albtraums, der sich dem Leben ungezählter Bewohner des Industrievororts Savar bei Dhaka vor Langem schon aufgeherrscht hat und weiter aufherrschen wird.«[122] Mit ihren freiwilligen »Spenden« erscheinen die Konzerne als großzügige Geber, während die Opfer zu Bittstellern degradiert werden: Die dreißig Millionen Dollar reichen laut Seibert nicht, den Verletzten und Angehörigen eine angemessene medizinische und psychologische Versorgung zukommen zu lassen. Für viele kommt die Hilfe ohnehin zu spät. Ihre Gesundheitsschäden sind mittlerweile irreparabel, weil sich viele Firmen zu lange weigerten, Entschädigungen zu zahlen. Währenddessen fanden noch mehr

Menschen in Bangladeschs Fabriken ihren vorzeitigen Tod: Ein halbes Jahr nach Rana Plaza starben zehn Menschen bei einem Brand in einer Kleiderfabrik. In einer Verpackungsfabrik, zu deren Kunden auch Nestlé gehört, wurden 34 Arbeiterinnen und Arbeiter bei einer Explosion getötet. In einer Recyclingfabrik starben 13 Menschen im Feuer.

Das Brandschutzabkommen Accord – das nur für Textilfabriken gilt – wurde zwar um weitere drei Jahre verlängert.[123] In der neuen Variante wollen die Unterzeichner außerdem die Gewerkschaftsfreiheit stärken. Allerdings kommen die Fabrikkontrollen bislang eher schleppend voran. Von den 3 425 Fabriken, die bis April 2016 von Accord und der von der US-amerikanischen Textilindustrie angestrengten Alliance for Bangladesh Worker Safety untersucht wurden, wurden nur acht als sicher eingestuft. Mehr als 100 000 Mängel wurden gefunden; die Hälfte der Reparaturen steht noch aus. Bei Accord haben 61 kontrollierte Fabriken die Sanierung abgeschlossen, weitere 400 zu 90 Prozent.[124]

Laut einer Studie der New York University handelt es sich dabei lediglich um die Spitze des Eisbergs: Die Kontrollen von Accord und Alliance erfassten nur 27 Prozent der Textilfabriken in Bangladesch, nämlich nur die direkt exportierenden Zulieferfirmen, nicht die Sublieferanten. Damit ließen sie die Sicherheit von fast drei Millionen Arbeitern außer Acht.[125] Im Mai 2015 brannte in Bangladesch die Fabrik Dignity Textiles Mills in Gazipur nördlich Dhaka und stürzte ein. Dabei war die Fabrik bereits von Accord inspiziert worden, hatte die Mängel aber wohl nicht behoben. Der Zufall wollte es, dass niemand zu Schaden kam: Das Feuer brach in der Mittagspause aus.

Am täglichen Horror, an der gnadenlosen Ausbeutung, an Gewalt und Unterdrückung, die die Arbeiterinnen und Arbeiter jeden Tag in den Sweatshops erleben, hat sich kaum etwas verändert. Noch immer sind die Löhne absurd niedrig. Selbst die Erhöhung des staatlichen Mindestlohns auf umgerechnet 67 US-Dollar pro Monat, die sich die Textilarbeiterinnen und -arbeiter in Bangladesch nach dem Einsturz von Rana Plaza in monatelangen Streiks und Protesten erkämpft hatten, reicht nicht zum Leben. Und in vielen Fabriken wird selbst dieser viel zu niedrig angesetzte Mindestlohn nicht bezahlt. Aktivisten und Gewerkschafter werden drangsaliert: Zwischen Dezember 2016 und Januar 2017 wurden in Bangladesch 34 Arbeiter und Aktivisten willkürlich kriminalisiert und inhaftiert.

»Für uns NGOs ist das Textilbündnis nur Option B. Wir treten seit Jahren für die Option A ein, eine gesetzliche Regulierung«, sagt Maik Pflaum von der Christlichen Initiative Romero. »Option A ist überhaupt nicht in Sicht, deswegen wäre es unmöglich gewesen, dieser bisher größten Initiative fernzubleiben. Sonst wäre es ja wieder ein reines Industriebündnis geworden.« Allerdings behielten sich die NGOs vor auszutreten, wenn das Textilbündnis die Glaubwürdigkeit verlöre. »Wir haben einige Verwässerungen verhindern können. Aber ich bin hin und her gerissen; es ist ein unglaublich langsamer Prozess.« Einer, der auch die teilnehmenden NGOs viel Zeit kostet, die man etwa in Kampagnen investieren könnte. Das drückt auch das Machtgefälle aus: Schließlich haben Unternehmen genug Geld, um Mitarbeiter freizustellen, und ohnehin hochbezahlte Berater und Anwaltskanzleien im Rücken. »Es ist auch ein teuflisches Konstrukt, denn natürlich müssen wir ja weiter dafür kämpfen, dass unsere Forderungen so weit wie möglich erfüllt werden.« Dass das Textilbündnis die Lösung sein könnte, daran glaubt auch Pflaum nicht.

»Aber es könnte erreichen, dass die vielen Bekleidungsfirmen, die bisher elementare Entwicklungen verschlafen oder ignoriert haben, sich nicht gänzlich der Verantwortung entziehen können.«

Der nächste Kampf gehe darum, wie die Firmen belegen wollen, dass sie die von ihnen genannten Ziele auch umsetzten. »Dann wird sich entscheiden, ob es bei der in der Branche gängigen ›Märchenstunde‹ und dem auditbasierten Greenwashing der Industrie bleiben kann oder ob transparent und glaubwürdig kontrolliert wird, wie es in den Fabriken aussieht und ob Verbesserungen bei den Näherinnen ankommen«, sagt Pflaum.

Die Opfer stehen auf

Im September 2012 verbrannten in KiKs pakistanischer Zulieferfabrik Ali Enterprises 260 Menschen bei lebendigem Leib. Im Januar 2013 tötete ein Feuer 117 Menschen in der Fabrik Tazreen Fashion, die für KiK und C&A arbeitete. Dennoch weigerten sich KiK und C&A lange, das Brandschutzabkommen Accord zu unterzeichnen. Zuvor musste es erst zur schlimmsten Katastrophe in der Geschichte von Bangladeschs Textilindustrie kommen.

Der Einsturz von Rana Plaza am 24. April 2013 ist zum Symbol einer skrupellosen Modeindustrie geworden, die ihren Profit über Menschenleben stellt. Knapp vierzig Bangladescher sind wegen der Katastrophe des Mordes angeklagt. Aber nur einer, Sohel Rana, sitzt bislang im Gefängnis.[126] Jedoch von den großen westlichen Modemarken, die dort nähen ließen – darunter Benetton, C&A, KiK, Mango und Primark – wurde niemand zur Verantwortung gezogen. Denn seit Jahren gelingt es den Textilfirmen, durch eigene Initiativen Gesetze zu verhindern. Etwa in der Business Social Compliance Initiative (BSCI), die 2003 vom europäischen Handelsverband Foreign Trade Association (FTA) gegründet wurde. Er ist der Dachverband der Außenhandelsvereinigung des Deutschen Einzelhandels, der mit seinen Mitgliedern Adidas, C&A, Metro, Otto, Puma und Tchibo das Textilbündnis entscheidend beeinflusst. Die BSCI hat für ihre 1 900 Mitglieder einen Verhaltenskodex entwickelt und organisiert auch Kontrollen in den Zulieferfabriken der Mitglieder, sogenannte Sozialaudits. Seit Jahren belegen aber NGOs, dass diese Prüfungen wirkungslos sind. Die Sozialaudits seien meist angekündigt, was es Fabrikbesitzern ermögliche, sich vorzubereiten oder die Prüfer in Vorzeigefabriken zu führen. Außerdem würden Arbeiterinnen und Arbeiter im Beisein der Fabrikbosse angehört, was natürlich nicht zu offenen Gesprächen beitrage. Meist würden ohnehin nur die Manager befragt, die den Auditoren gefälschte Dokumente über Arbeitsstunden, Kinderarbeit und Löhne vorlegten. Die Auditberichte seien nicht einmal für die Arbeiterinnen und Arbeiter einsehbar.[127]

Vier Monate vor dem Einsturz hatte der TÜV Rheinland im Auftrag eines BSCI-Mitglieds die Fabrik Phantom Apparel im Rana-Plaza-Gebäude inspiziert. Die Prüforganisation will bei ihren Kontrollen allerdings keine Baumängel festgestellt haben – trotz des erkennbar illegalen Aufbaus dreier weiterer Stockwerke. Auch Kinderarbeit, Unterdrückung von Gewerkschaften, Gewalt gegen Frauen und exzessive Überstunden, die dort an der Tagesordnung waren, tauchen in ihrem Bericht nicht auf. Der TÜV Rheinland behauptet schlicht, dass weder die Untersuchung auf Baumängel noch die Begutachtung der Bausubstanz oder der Gebäudesicherheit Gegenstand des Audits gewesen seien. Umso erstaunlicher ist es dann, dass in seinem Bericht die Bauqualität sogar als gut bezeichnet wird. Die NGOs Femnet,

Medico International, Gewerkschaften aus Bangladesch und das European Center for Constitutional and Human Rights legten Beschwerde bei der OECD ein. Sie werfen dem TÜV Rheinland vor, Prüfstandards vernachlässigt zu haben. Er trage eine Mitschuld an den Menschenrechtsverletzungen, weil sich die Fabrik- und Gebäudebesitzer sowie die importierenden westlichen Textilhändler auf den Bericht verlassen und deshalb nichts veranlasst hätten, um die Missstände zu beseitigen.[128]

Auch die pakistanische Fabrik Ali Enterprises in der Hauptstadt Karachi war wenige Wochen vor dem Brand überprüft worden. Schließlich ist Pakistan der viertgrößte Exporteur von Bekleidung nach Europa und in die USA. Mehr als ein Drittel der Arbeiterinnen und Arbeiter sind in der Textilindustrie beschäftigt, in der die Bedingungen genauso verheerend sind wie in Bangladesch. Trotzdem bescheinigte das Zertifizierungsunternehmen Social Accountability International der Fabrik mit dem Zertifikat SA 8000, dass sie internationale Sicherheitsstandards, Arbeits- und Gesundheitsschutz erfülle. Dass die wenigen Notausgänge sich nicht öffnen ließen und die Fenster vergittert waren, übersahen die Auditoren. Die Folgen waren entsetzlich. Am 11. September 2012 brach im Erdgeschoss des vierstöckigen Fabrikgebäudes Feuer aus. Dutzende Arbeiter sprangen in ihrer Verzweiflung aus den Fenstern der oberen Stockwerke: Nur 35 Arbeiter überlebten, einige von ihnen schwer verletzt. Die Arbeiter im Keller erstickten, bevor das Feuer sie erreichte. Für alle anderen in den Werksälen wurde das vergitterte, verriegelte Gebäude zur Feuerfalle.

Zwar zahlte KiK – Hauptauftraggeber der Fabrik Ali Enterprises in Karachi – eine Million Dollar Soforthilfe an die Geschädigten und gab vier Jahre nach dem Brand den Forderungen von

NGOs, pakistanischen und internationalen Gewerkschaften mit einer Entschädigung von weiteren fünf Millionen Dollar nach. Auch Entwicklungsminister Müller hatte sich an den Verhandlungen beteiligt – und verkaufte das Ergebnis als Erfolg seines Textilbündnisses. Die rechtliche Verantwortung wies KiK allerdings zurück – obwohl die Fabrik fast ausschließlich für die Billigkette gearbeitet hatte. Schließlich hätte ja niemand ahnen können, dass etwas nicht in Ordnung sei, wurde die Fabrik doch zwischen 2007 und 2011 viermal auch auf Brandschutz geprüft.

Sozialaudits sind ein gutes Geschäft für die meist privatwirtschaftlichen Prüffirmen wie den TÜV Rheinland. Es dürfte auch in ihrem Interesse liegen, dass ihre Auftraggeber rechtlich nicht zur Verantwortung gezogen werden können.

Doch die Betroffenen des Desasters in Pakistan wehren sich. Sie wollen keine sprach- und hilflosen anonymen Opfer mehr sein, die auf den guten Willen der Unternehmen hoffen müssen. Sie wollen nicht mehr mit Almosen zum Schweigen gebracht werden. Sie wollen Gerechtigkeit. Jetzt erzählen sie ihre Geschichte vor Gericht. Ein Überlebender und drei Angehörige klagen vor dem Landgericht Dortmund gegen KiK: Saeeda Khaton, Abdul Aziz Khan Yousuf Zai, Muhammad Jabbir und Muhammad Hanif. Sie werfen KiK vor, mitverantwortlich für die katastrophalen Brandschutzvorkehrungen bei Ali Enterprises gewesen zu sein, und fordern Schadensersatz von jeweils 30 000 Euro. Es sind nur vier Kläger, weil in Deutschland keine Sammelklagen zugelassen sind. Dennoch kämpfen sie im Namen aller Opfer der Katastrophe: Sie sind Mitglieder der Baldia Factory Fire Affectees Association, der Vereinigung der Betroffenen des Feuers in Karachis Industrievorort Baldia. Ihr gehören mehr als

150 Familien an, also fast alle Hinterbliebenen. Sie sind vernetzt mit Gewerkschaften und organisieren Widerstand und Protest vor Ort.

Das Landgericht Dortmund hat die Klage angenommen und den Klägern Prozesskostenbeihilfe gewährt. Unterstützt wird die Klage von Medico International und vom European Center for Constitutional and Human Rights. Die NGO strengt juristische Verfahren gegen Unternehmen an, die in den Ländern des Südens in Menschenrechtsverletzungen verwickelt sind. Es ist die erste zivilrechtliche Klage dieser Art in Deutschland. Würde sie gewonnen, könnten womöglich weitere Unternehmen vor Gericht gebracht werden. »Ich möchte, dass keine Familie mehr solch einen Verlust durchstehen muss«, sagt die Klägerin Saeeda Khatoon. Die Witwe hat bei dem Feuer ihren einzigen Sohn verloren. »Ich möchte sichergehen, dass das deutsche Unternehmen zur Verantwortung gezogen wird. Es sollte in Zukunft Regelungen für die Haftung von Unternehmen geben. So eine Katastrophe darf es nie wieder geben.«

Rechte für die Wirtschaft, Unrecht für die Menschen

Deutschland steht weltweit auf Rang fünf bei der Verletzung von Menschenrechten durch seine Unternehmen. Eine Studie der Universität Maastricht von 2015 belegt: 87 von 1 800 ausgewerteten Menschenrechtsbeschwerden gehen zulasten deutscher Firmen.[129] Dennoch gibt es bis heute keine verbindlichen Regeln für deutsche Unternehmen, nach denen diese für Arbeits-, Menschenrechts- und Umweltvergehen haftbar gemacht werden könnten. Deutschland ist sogar eines der wenigen europäischen Länder, das nicht einmal über ein Unternehmensstrafrecht verfügt – obwohl der Europäische Rat eine entsprechende Empfehlung dazu abgegeben hat.

Auch für ihre Zulieferer müssen Unternehmen derzeit weder international noch innerhalb Europas haften. Juristisch bestens geschützt sind hingegen die Profite der Unternehmen: Völkerrechtlich bindende Freihandels- und Investitionsschutzabkommen sichern deren wirtschaftliche Interessen und Renditeerwartung ab. Für Investoren und Konzerne bedeuten solche Verträge praktisch ungehinderten Zugang zu Rohstoffen, billiger Arbeitskraft und neuen Absatzmärkten. Mehr als 180 Länder haben insgesamt 3 200 solcher Abkommen geschlossen. Die darin enthaltenen Schutzklauseln ermöglichen es transnationalen Konzernen, Staaten zu verklagen, wenn diese Gesetze zum Arbeits-, Gesundheits-, Umwelt- und Verbraucherschutz einführen wollen, die die Gewinnerwartung verringern könnten. Allein die Androhung solcher Schadensersatzklagen (die sich auf zweistellige Milliardenbeträge belaufen können) reicht manchmal aus, um klamme Regierungen in Ländern des Südens gefügig zu machen.

Wenn Konzerne ganze Staaten daran hindern können, ihre Bevölkerung zu schützen, tötet das die Demokratie. Zumal Firmen die Staaten nicht vor nationalen Gerichten verklagen, sondern vor Schiedsgerichten. Kritiker nennen das Schattenjustiz: denn hinter verschlossenen Türen verhandeln keine unabhängigen Richter, sondern private Anwälte. Sie unterliegen weder parlamentarischer noch demokratischer Kontrolle – doch die Beschlüsse sind juristisch bindend.[130] Wer sich in seinen Menschenrechten von Unternehmen verletzt sieht, kann damit vor kein Schiedsgericht ziehen. Weil die Einhaltung von Menschenrechten die Staatspflicht ist, können nur Staaten – und nicht etwa Konzerne – vor den Internationalen Gerichtshof in Den Haag oder den Europäischen Gerichtshof für Menschenrechte in Straßburg gebracht werden. Die Freihandels- und Investitionsschutzabkommen räumen Konzernen und Investoren viele Rechte ein, ohne ihnen Pflichten aufzuerlegen – nicht einmal die, Menschenrechte und Umweltschutz einzuhalten. Beide tauchen allenfalls in der Präambel solcher Verträge auf, sind aber nicht rechtlich bindend. So sind bereits auf allen Kontinenten Länder von Konzernen verklagt worden: wegen Nichtraucherschutzes, des Verbots giftiger Chemikalien und vor allem wegen der Einschränkung umwelt- und gesundheitsschädlicher Bau- und Rohstoffprojekte.[131] In den vergangenen 20 Jahren ist die Anzahl solcher Klagen explodiert: 1995 gab es nur drei, derzeit laufen mindestens 700. Besonders betroffen: die Ärmsten. Laut der UN-Konferenz für Handel und Entwicklung (UNCTAD) richten sich zwei Drittel dieser Klagen gegen Schwellen- und Entwicklungsländer. 85 Prozent der Kläger kommen aus den reichen Ländern des Nordens, ein Drittel davon wiederum aus der EU.[132] Deutschland ist hier besonders rührig: Der Exportweltmeister hat weltweit 156 Investitionsschutzabkommen abgeschlossen und die meisten bilateralen Abkommen der Welt, nämlich 139. Viele davon sehen Schiedsgerichte vor. Auch hier kann Deutschland eine unrühmliche Spitzenposition für sich verbuchen: Mit 40 Klagen liegt es auf Platz vier der Staaten, aus denen Investoren und Unternehmen andere Staaten vor Schiedsgerichte zerren.

Politik als Handlanger der Unternehmen

2011 verabschiedete der Menschenrechtsrat der Vereinten Nationen einstimmig die UN-Leitprinzipien für Wirtschaft und Menschenrechte. Sie umfassen die völkerrechtliche Pflicht von Staaten, Menschen vor Menschenrechtsverletzungen durch Unternehmen zu schützen. Sie fordern von Unternehmen, Menschenrechte zu respektieren, menschenrechtliche Risikoanalysen ihres Kerngeschäfts durchzuführen, diesen Risiken entgegenzuwirken und darüber transparent zu berichten. Die dritte Säule der Leitprinzipien hält die Pflicht der Staaten fest, wirksame Rechtsmittel für Betroffene von Menschenrechtsverletzungen zu garantieren. Alle Staaten waren dazu aufgerufen, Pläne vorzulegen, wie sie die Leitlinien umsetzen wollen. Die Bundesregierung ließ sich damit besonders viel Zeit. Erst fünf Jahre später, 2016, legte sie einen ersten Entwurf des Nationalen Aktionsplans Wirtschaft und Menschenrechte vor. Zu diesem Zweck hatte die Regierung einen Steuerungskreis einberufen: Neben dem federführenden Auswärtigen Amt gehörten diesem das Arbeits-, Entwicklungs-, Justiz-, Wirtschafts- und Umweltministerium an, der Bundesverband der deutschen Arbeitgeberverbände (BDA), der Bundesverband der Deutschen Industrie (BDI) und der Deutsche Industrie- und Handelskammertag (DIHK) sowie der Deutsche Gewerkschaftsbund (DGB), das Forum Menschenrechte und der Verband Entwicklungspolitik und Humanitäre Hilfe (VENRO). Das Auswärtige Amt zog das Forum Nachhaltige Entwicklung der Deutschen Wirtschaft (Econsense) und das Deutsche Institut für Menschenrechte (DIMR) als Berater hinzu.

Wenig überraschend bekämpften Lobbyverbände von Anfang an die Kernforderungen der UN-Leitprinzipien: »Aus Sicht der Wirtschaft kritisch sind unter anderem die diskutierte gesetzliche Verpflichtung zur Achtung der Menschenrechte, eine gesetzliche Pflicht zur Durchführung einer Sorgfaltsprüfung, zivilrechtliche Haftung bei Menschenrechtsverletzungen auch für ausländische Tochtergesellschaften und in der Zuliefererkette, gesetzliche Berichtspflichten, Unternehmensstrafrecht und extraterritoriale Zuständigkeit in Zivilklagen wegen Menschenrechtsverletzungen im Ausland«, schrieb der Deutsche Industrie- und Handelskammertag.[133] »Jede Form von neuen Pflichten und Obligationen (…) sind kontraproduktiv und deshalb vollkommen inakzeptabel«, ließen der Arbeitgeberverband und der BDI wissen. Schließlich verwässerte das Finanzministerium den ersten Entwurf drastisch, obwohl es gar nicht zuständig war. Wolfgang Schäubles Ministerium erfüllte die Forderungen der Industrie und strich alles, was diese moniert hatte. So enthielt der neue Entwurf keine Gesetze mehr, die Firmen zur Einhaltung hätten zwingen können; ebenso fehlt die Kontrolle der Unternehmen, wie sie die Leitlinien umsetzen. Das ARD-Magazin *Monitor* legte die Vermutung nahe, dass Steffen Kampeter bei diesem Vorgang eine besondere Rolle spielte: Er war von 2009 bis 2015 parlamentarischer Staatssekretär in Schäubles Ministerium und wechselte dann in den Ausschuss für Menschenrechte des Deutschen Bundestags. Dort, so *Monitor*, habe Kampeter ganz im Sinne der Industrie gegen jede Verbindlichkeit agitiert. Anschließend wechselte er – wie könnte es anders sein! – als Hauptgeschäftsführer zum Bundesverband der Arbeitgeberverbände.[134]

Weil Gewerkschaften, NGOs, SPD und einige Bundestagsabgeordnete der CDU die Änderungen nicht akzeptierten, entbrannte ein monatelanger Streit, der schließlich in einen Kompromiss mündete.[135] Am 21. Dezember 2016 verabschiedete das

Bundeskabinett den Nationalen Aktionsplan, ohne (wie eigentlich verabredet) die Zivilgesellschaft dazu angehört zu haben.[136]

Vielleicht lag es am vorweihnachtlichen Konsumrausch, dass ein öffentlicher Aufschrei ausblieb. Doch das, was nun vom Nationalen Aktionsplan Wirtschaft und Menschenrechte übrig geblieben ist, gleicht einem schlechten Witz. Der Plan setzt abermals ausschließlich auf die Freiwilligkeit der Unternehmen. Gesetzliche Regelungen, die Firmen dazu hätten zwingen können, ihre Sorgfaltspflichten einzuhalten? Fehlanzeige: Nicht einmal bundeseigene Unternehmen werden gesetzlich zur Einhaltung der UN-Leitlinie verpflichtet. Auch wird die Bundesregierung Firmen nicht von öffentlichen Aufträgen, Subventionen oder Außenwirtschaftsförderung ausschließen, wenn sie ihre Sorgfaltspflicht missachten. Die Bundesregierung weigert sich zudem, bürokratische Hürden vor dem Zugang zu Recht und Gerichten abzubauen. Damit bleibt es für Menschen in den Ländern des Südens nahezu unmöglich, deutsche Firmen für die Beteiligung an Menschenrechtsverletzungen zur Verantwortung zu ziehen. Festgeschrieben ist nur die »Erwartung«, dass »mindestens die Hälfte« der 6 000 deutschen Unternehmen mit mehr als 500 Mitarbeitern bis 2020 »Elemente der menschenrechtlichen Sorgfaltspflicht in ihre Unternehmensprozesse integriert« haben sollen. Ab 2018 will die Bundesregierung prüfen, ob diese der Erwartung nachkommen. Werde das Ziel nicht erreicht, werde die Regierung »weitergehende Schritte bis hin zu gesetzlichen Maßnahmen prüfen«.

Immerhin drei Bundestagsfraktionen, Grüne, Linke und SPD, haben sich für ein Gesetz zur menschenrechtlichen Sorgfaltspflicht in der nächsten Legislaturperiode ausgesprochen. Möglich wäre ein solches Gesetz ohne Weiteres.[137] Andere Länder machen es längst vor: Frankreich hat die menschenrechtlichen Sorgfaltspflichten gesetzlich verankert. Die britische Regierung hat ein Gesetz gegen moderne Sklaverei verabschiedet, die Niederlande eines gegen Kinderarbeit in der Lieferkette.

Parallel zur Ausarbeitung eines Nationalen Aktionsplans für Wirtschaft und Menschenrechte stand Deutschland auch in der Pflicht, die neuen CSR-Richtlinien der EU umzusetzen. Damit sollten Berichtspflichten von Unternehmen über »wahrscheinlich negative Auswirkungen« ihres Geschäfts auf Menschenrechte und Umwelt im nationalen Recht verankert werden. Im Frühjahr 2017 veröffentlichte die Bundesregierung die Light-Variante: Zwar müssen große kapitalmarktorientierte deutsche Unternehmen entsprechende Berichte vorlegen. Allerdings gilt das nur für »sehr wahrscheinlich schwerwiegende« Auswirkungen und auch nur für 550 Unternehmen. Große Firmen wie die Supermarktketten Aldi und Lidl, in deren Lieferkette Umweltzerstörung und Menschenrechtsverletzungen auf Obst- und Gemüseplantagen oder in Textilfabriken aufgedeckt wurden, werden davon gar nicht erfasst.[138]

Genauso unbefriedigend ist auch die Konfliktmineralien-Verordnung der Europäischen Union. Nach vier Jahren zäher Verhandlungen trat sie im Juni 2017 endlich in Kraft.[139] Als Konfliktmineralien gelten die vier Rohstoffe Gold, Tantal, Wolfram und Zinn. Der Handel mit ihnen finanziert bewaffnete Konflikte in den Ländern, in denen sie gefördert werden, etwa den Bürgerkrieg in der Demokratischen Republik Kongo. Die Minen sind meist illegal, sie werden nicht staatlich kontrolliert, sondern von Rebellen und Militär. Die UN schätzt, dass mehr als 40 Prozent aller weltweiten Konflikte in den letzten sechzig Jahren mit dem

Abbau und Handel von fossilen und mineralischen Rohstoffen verbunden waren.

Die Konfliktmineralien-Verordnung der EU verpflichtet nun Unternehmen, die solche Rohstoffe beziehen, gesetzlich dazu, über ihre Sorgfaltspflichten in der Lieferkette zu berichten. Mehr als überfällig, denn die EU-Staaten kaufen 16 Prozent der weltweit gehandelten Konfliktmineralien Zinn, Wolfram, Tantal und Gold zur Weiterverarbeitung. Sie werden in Elektrogeräten verbaut, vor allem in Computern, Handys, Tablets und Smartphones. Die deutsche Auto-, Elektro- und Maschinenbauindustrie ist komplett abhängig vom Import primärer Metalle.

Aber Konfliktmineralien kommen nicht nur als unverarbeitete Rohstoffe zu uns. Sie stecken außerdem in importierten Laptops und Smartphones. Allein Deutschland ist mit 64 Millionen Mobiltelefonen und 15 Millionen Laptops pro Jahr weltweit der drittgrößte Importeur dieser Produkte.[140]

Klar, dass sich insbesondere die deutschen Lobbyverbände sehr ins Zeug legten, die EU-Verordnung für Konfliktmineralien abzuschwächen. Mit Erfolg. Die Berichterstattung ist erst ab 2021 verpflichtend. Berichten müssen nur Unternehmen, die diese Rohstoffe direkt importieren, nicht solche, die Komponenten und Halbfabrikate einkaufen, die diese Mineralien enthalten. Darüber hinaus gilt die Berichtspflicht erst ab bestimmten importierten Mengen, zum Beispiel ab 100 Kilo Gold. Damit will die EU kleine Betriebe wie etwa Zahntechniker vor der Bürokratie schützen. Der Berliner Verein Powershift, der sich für eine ökologisch gerechte globale Energie-, Klima-, Rohstoff- und Handelspolitik einsetzt, kritisiert die lückenhafte Richtlinie: Nur 20 von 250 betroffenen Unternehmen müssten dann tatsächlich berichten. Der Rest könne jeweils Gold im Wert von rund 3,5 Millionen Euro unkontrolliert einkaufen. »Davon kann man schon dreitausendfünfhundert Sturmgewehre kaufen«, sagt Michael Reckordt, der bei Powershift den Arbeitskreis Rohstoffe koordiniert.

Vollkommen absurd ist aber, dass Kobalt nicht als Konfliktmineral gilt, obwohl die größten Vorkommen dieses Rohstoffs ebenfalls in der Demokratischen Republik Kongo liegen, wo bewaffnete Konflikte und gefährliche ausbeuterische Kinderarbeit an der Tagesordnung sind. Trotzdem gelten die unternehmerischen Sorgfaltspflichten, die die Konfliktmineralien-Verordnung der EU vorschreibt, nicht für dieses Mineral. Angeblich, weil dessen Wertschöpfungskette schon heute nicht mehr zu überblicken sei.

»Die Wahrheit ist: Ohne Kobalt aus Kongo müssten die Europäer ihre Autoenergiewendepläne eindampfen«, schreibt Bernd Freytag in der *FAZ*.[141] Denn die Zukunftshoffnung Elektroauto verschlingt massenhaft Kobalt: Es steckt in dessen Lithium-Ionen-Batterien. Für sie, der Name sagt es schon, wird auch jede Menge Lithium gebraucht. Das Mineral, das der Finanzkonzern Goldman Sachs bereits als »das neue Öl« bezeichnet, wird in ökologisch sensiblen Gebieten in Bolivien, Chile und Peru gefördert. Zum Beispiel aus Salzseen. Schon heute kommt es deswegen dort zu Landkonflikten. Und auch die Landwirtschaft leidet, weil Unmengen von Grundwasser abgepumpt werden, um durch Verdampfung an das gewünschte Material zu kommen. Das »Methadon der fossilen Automobilität« (Harald Welzer)[142] braucht außerdem 60 Kilo mehr Kupfer und 50 Kilo mehr Aluminium als ein Auto mit herkömmlichem Antrieb. Und in den mehr als 100 Sensoren im Elektroauto stecken die Konfliktmineralien Zinn, Wolfram und Tantal.[143]

In der Hoffnung, mit der Elektromobilität Klimaschäden, Feinstaubemissionen und den Verbrauch von fossilen Rohstoffen zu verringern und trotzdem am wachsenden Individualverkehr festzuhalten, will die Bundesregierung bis 2030 sechs Millionen Elektrofahrzeuge auf die Straße bringen. Dafür gibt es Steuererleichterungen und seit 2016 Fördergeld in Höhe von insgesamt 1,2 Milliarden Euro, um den Kauf eines Elektroautos mit je 4 000 Euro zu unterstützen.

Unter dem Deckmäntelchen des Klima-, Umwelt- und Gesundheitsschutzes legitimiert und finanziert die deutsche Bundesregierung einmal mehr Menschenrechtsverletzungen in den Ländern des Südens. Auch das ist ein wesentliches Element der Externalisierungsgesellschaft: Damit der Himmel hierzulande blau bleibt, während die Wirtschaft wächst, werden auch die Folgeschäden scheinbar umwelt- und klimafreundlicher Technologien in die Länder des Südens exportiert.

»Irgendwo werden Leiber zerbrochen, damit ich wohnen kann
in meiner Scheiße.«

Heiner Müller, *Die Hamletmaschine*

VI. FLEISCH UND BLUT

Wie die Agrarindustrie den Indigenen in Brasilien Land und Leben raubt

Rot glüht die Erde, über die unser Geländewagen rumpelt, unter der brasilianischen Sonne. Jenseits der Piste wogt das grüne Meer der Wiesen und Felder; üppige Blätterdächer von Baumgruppen und Wäldchen erheben sich darin zu Inseln. Braune, schwarze und weiße Rinder weiden im hüfthohen Gras. Die ländliche Idylle, durch die wir fahren, befindet sich im Bundesstaat São Paulo in Brasilien. Hier, im größten Land Lateinamerikas, leben mehr Rinder als Menschen – wenn auch wesentlich kürzer: auf 207 Millionen Einwohner kommen 220 Millionen Tiere. Brasilien ist der größte Fleischexporteur der Welt. Allein zwei Millionen Tonnen Rindfleisch werden von hier aus jedes Jahr exportiert. Die zu erzeugen braucht es eine Menge Platz: Fast drei Viertel des brasilianischen Agrarlandes werden zur Viehzucht genutzt. Fünfmal so groß wie die Bundesrepublik ist die Fläche, auf der Rinder grasen. Hinzu kommen 230 000 Quadratkilometer Acker, auf denen Futtersoja angebaut wird. Wald und Menschen mussten von dieser riesigen Fläche weichen.

Was die Fleisch- und Futterproduktion für Brasilien, für Menschen und Natur bedeutet, das wollen Werner Boote und ich in unserem Film zeigen. Seit Wochen schon ersuchen wir die brasilianische Fleischindustrie um eine Genehmigung, auf ihren Weiden und Mastanlagen drehen zu dürfen. Jetzt hat sie uns hierher geschickt, nach Nhandeara, gute fünfhundert Kilometer nordwestlich der Metropole São Paulo.

Auf einer Anhöhe passieren wir ein hölzernes Gatter. »Beef Passion« steht auf dem Schild daneben. Vor seinem Bürohäuschen im Schatten alter Bäume empfängt uns Antônio Ricardo Sechis. Der Mann mit dem grauen Schnauzbart und den funkelnden Augen begrüßt uns überschwänglich und führt uns den Hügel hinunter zu seinen Tieren. Schon von Weitem glauben wir Fahrstuhlmusik zu hören. Tatsächlich: Unter dem Dach des großen Geheges, in dem sich ein paar Hundert schwarze Kühe tummeln, hängen Lautsprecher. Eine Sprenkleranlage sprüht alle paar Minuten feinen Wassernebel auf die Tiere.

»Spa Bovino« steht auf einem großen Schild. Ein Spa. Für Rinder. Die brasilianische Fleischindustrie hat uns in ein Wellnessressort für Kühe gelotst.

»Meine Kühe sind sehr glücklich. Wir tun alles, damit sie sich wohlfühlen. Die Musik entspannt sie. Das Wasser sorgt für das richtige Klima, das sie für ihren Stoffwechsel brauchen. Damit sie richtig atmen und das Futter gut verarbeiten können«, sagt Sechis.

»Und was bekommen sie zu trinken, Champagner?«, frage ich.

»Nein, den Champagner trinken wir!«, sagt Sechis und lacht. Grund hat er, schließlich verkauft er das teuerste Fleisch der Welt an brasilianische Luxusrestaurants und Gourmetboutiquen. Denn die Tiere, die schnaubend ihre Köpfe in den künstlichen Nieselregen halten, sind Wagyus, japanische Rinder, zu deren Rasse auch das bekannte Kobe-Rind zählt.

Antônio Ricardo Sechis' Familie besitzt vier Farmen und 8500 Tiere auf 60 Quadratkilometern. Seine Angus-, Nelore- und Wagyu-Rinder weiden im Nachbarstaat Mato Grosso do Sul, sie kommen nur zur Endmast hierher. 3500 Tiere lässt er jedes Jahr schlachten, wenn sie drei Jahre alt sind. Ein homöopathischer Anteil der 40 Millionen Rinder, die in Brasilien jährlich zu Steaks und Wurst werden.

»Alles, was du dem Tier gibst, das bekommst du zurück«, sagt Ricardo, »sie sterben glücklich und in Würde, weil sie sich freuen, dass du sie genießt. Ich esse sie jeden Tag, am liebsten roh, das freut sie am meisten.«

Um dem lieben Gott für das viele schöne Fleisch zu danken, hat Ricardo eine Kapelle auf das Grundstück bauen lassen. Er klingt wie der Fleischpapst, der aus seiner Steak-Enzyklika rezitiert: »Die Tiere machen uns unglaubliche Freude. Diese Freude, wohlschmeckendes tierisches Protein zu essen, ist einfach fantastisch. Deshalb muss ich an den Tieren arbeiten, mich gut um sie kümmern. Nur so bekomme ich das Fleisch, das ich möchte. Ich bin verliebt in meine Rinder, ja, ich liebe sie wie eine Ehefrau!«

»Würdest du deine Ehefrau ebenfalls schlachten und essen?«, frage ich.

»Du musst wissen, Ricardo, sie ist Vegetarierin«, sagt Werner.

Ricardo schaut mich aus großen braunen Augen an und legt mir tröstend die Hand auf die Schulter: »Ah! Heute nicht. Heute wirst du deine Meinung ändern.«

»Nein.« Ich nähere mich den Tieren. »Ich mag sie lebend.«

»Geh nicht zu nah an sie heran«, ruft Sechis, »denn sie sind sauer auf dich!«

»Warum denn das?«

»Weil sie spüren, dass du sie nicht essen willst.«

Ricardo Sechis' Firma Beef Passion ist eine der ersten, die von der US-Umweltorganisation Rainforest Alliance das Siegel für nachhaltiges Rindfleisch bekommen hat. Dieses verbietet etwa den Einsatz von Hormonen und Anabolika; auch Antibiotika dürfen nicht zum Mästen verwendet werden. Außerdem gibt es Vorgaben für Umwelt-, Wald- und Wasserschutz.[144] Ökologische Landwirtschaft ist das dennoch nicht. Ricardo Sechis verfüttert hier unter anderem Soja, das er vom Agrarmulti Cargill bezieht. Der wiederum kontrolliert zusammen mit den Konzernen ADM, Bunge, Louis Dreyfus und Avipal zwei Drittel des Sojamarktes in Brasilien. 96 Prozent dieses Getreides werden dort gentechnisch verändert angebaut. Während Ricardos Rinder sogar Fußball spielen dürfen, stirbt andernorts der Regenwald. Nach einer Studie der Organisation Mighty Earth wurde auf dem von Cargill in Brasilien genutzten Land für den Sojaanbau allein zwischen 2011 und 2015 Regenwaldfläche zweieinhalbmal so groß wie der Bodensee abgeholzt.[145]

Auf dem Hügel hinter der Mastanlage in Nhandeara reiten zwischen verstreuten Palmen und Rindern zwei Männer unter Cowboyhüten. Es sind romantische Bilder wie dieses, mit denen die brasilianische Fleischindustrie wirbt. Kein Wunder also, dass sie uns zum Beleg Ricardos Vorzeigebetrieb präsentiert. Aber selbstverständlich leben die anderen 219,9 Millionen Rinder in Brasilien nicht in Wellnessanlagen. »Ich glaube, unser Projekt ist ziemlich einzigartig«, sagt Ricardo, »aber ich glaube daran, dass wir den ganzen Fleischmarkt verändern werden, wenn wir die Tiere auf nachhaltige und natürliche Weise halten.«

Fleisch frisst Wald

In den vergangenen 50 Jahren hat sich die globale Fleischproduktion von 78 auf 308 Millionen Tonnen pro Jahr vervierfacht. Bis 2050 soll sie auf eine halbe Milliarde Tonnen wachsen. Der globale Fleischkonsum liegt laut der Ernährungsorganisation der Vereinten Nationen FAO bei 41,3 Kilo pro Kopf und Jahr. Die Menschen in den reichen Ländern essen im Schnitt mehr als doppelt so viel, nämlich 95,7 Kilo jährlich. In sogenannten Entwicklungsländern sind es 31,6 und in Schwellenländern 53,8 Kilo.[146] Die Folgen des stetig wachsenden Fleischhungers sind dramatisch: Ein Drittel der eisfreien Erdoberfläche und 70 Prozent des landwirtschaftlich genutzten Landes der Welt werden für die Viehzucht verwendet. Auf 33 Prozent der globalen Ackerflächen wird Tierfutter angebaut, vor allem Soja.

In Brasilien hat der globale Fleischwahn in den vergangenen vierzig Jahren fast ein Viertel der Wälder vernichtet: 90 Prozent des Amazonasregenwaldes, der seit 1970 gerodet wurde, fiel Rinderweiden zum Opfer. Auch große Teile des Cerrado wurden dafür zerstört. Einst erstreckte sich der artenreichste Savannenwald der Welt zwischen Amazonas und Küste, vom Südwesten in den Nordosten des Landes. Fast zwei Drittel davon wurden abgeholzt – vor allem für Monokulturen aus Futtersoja und für die Weiden von Rinderherden. Seit Ende der neunziger Jahre schrumpften Brasiliens Wälder jedes Jahr um die Größe Belgiens. Das hat Brasilien zur viertgrößten CO_2-Schleuder der Welt gemacht.[147]

2012, kurz vor der UN-Konferenz für nachhaltige Entwicklung in Rio de Janeiro, verabschiedete die Regierung ein neues Waldschutzgesetz, den Código Florestal. Damit, so versprach die Regierung, sollten bis 2020 achtzig Prozent weniger Wald abgeholzt und vierzig Prozent weniger Treibhausgase ausgestoßen werden. Allerdings hatten die einflussreiche Agrarlobby und die Großgrundbesitzer, die Fazendeiros, den Código Florestal zuvor zu ihren Gunsten derart verwässern können, dass die Anforderungen hinter das alte, aber vergleichsweise fortschrittliche Waldschutzgesetz von 1965 zurückfallen. Dieses hatte die Rodung von Wald in der Amazonasregion auf maximal zwanzig Prozent pro Landbesitz beschränkt. Achtzig Prozent des Waldes sollten jeweils erhalten bleiben. In den Savannen mussten fünfunddreißig Prozent, in anderen Waldregionen im Süden von Brasilien zwanzig Prozent der Flächen erhalten werden. 2001 wurde das Gesetz erstmals erweitert: Mehr als drei Viertel des Regenwaldes wurden unter Schutz gestellt; niedergebrannter und illegal gerodeter Wald mussten von den Landbesitzern wieder aufgeforstet werden.[148]

Doch anstatt auf dieser Grundlage weiterhin gegen verbotene Rodungen vorzugehen, legalisierte die Regierung diese mit der Überarbeitung des Waldgesetzes von 2012 sogar nachträglich: Das neue Waldgesetz beinhaltet eine Amnestie für Gebiete, die vor 2008 illegal zerstört wurden. Darüber hinaus wurden Schutzgebiete verkleinert; außerdem konnten die Fazendeiros erreichen, dass abgeholzte Flächen von jeweils bis zu 4,4 Quadratkilometern nicht wiederhergestellt werden müssen. Zusammengenommen ergeben diese allerdings eine Fläche von dreihunderttausend Quadratkilometern.

Das Gesetz enthält eine Klausel, die illegale Rodung seit 2008 auch dann legalisiert, wenn die Flächen nicht, wie im Gesetz vorgeschrieben, wieder aufgeforstet werden. Ähnlich wie beim Emissionshandel dürfen Landbesitzer statt der Renaturierung illegal gerodeter Flächen sogenannte Renaturierungsgutschriften von Firmen oder Farmen kaufen, die irgendwo anders weniger als die gesetzlich erlaubten zwanzig Prozent Regenwald gerodet haben. Gehandelt werden die Gutschriften unter anderem an der Bolsa Verde do Rio de Janeiro (BVRio), der Grünen Börse. Die wurde etwa ein halbes Jahr nach der Verabschiedung des Waldschutzgesetzes eingerichtet. »Sie leitet eine Ära ein, in der in Demokratien auch auf dem Papier nicht mehr alle gleich sind vor dem Gesetz, denn die BVRio ermöglicht es Landbesitzern, sich von der gesetzlichen Verpflichtung, einen bestimmten Anteil ihres Landes in naturnahem Zustand zu erhalten, freizukaufen«, kritisiert die Biologin Jutta Kill, die als Beraterin für Organisationen und Netzwerke im globalen Süden arbeitet, zum Beispiel für das World Rainforest Movement. Schlimmer noch: Der Gutschriftenhandel treibt Landraub voran. In abgelegenen Amazonasgebieten sollen bereits spekulative Landkäufe getätigt worden sein, um mit Renaturierungsgutschriften Reibach zu machen. »Was bisher illegal war – die Rodung von mehr als zwanzig Prozent Wald auf dem eigenen Land – wird durch den Erwerb von Kompensationsgutschriften legitimiert, selbst wenn diese aus Gegenden stammen, in denen gar keine Entwaldung geplant war«, so Kill.[149] Konzerne und Fazendeiros können also ihr profitables Geschäft weiterführen – und das ist auch im Sinne der Regierung, die das Waldgesetz trotz heftiger Proteste lokaler und internationaler Umweltorganisationen verabschiedet hat. Schließlich machen landwirtschaftliche Produkte, allen voran Soja und Rindfleisch, mehr als ein Drittel der Exporte Brasiliens aus.

2012 wurde mit 4 500 Quadratkilometern (das ist immer noch eine Fläche fast doppelt so groß wie Mallorca) weniger Wald gerodet als je zuvor. Dieser Rückgang war dem strengeren alten Waldgesetz zu verdanken. Doch seit der Verabschiedung des neuen Gesetzes steigt die Waldvernichtung wieder deutlich an. Bereits im folgenden Jahr wurde wieder mehr zerstört, vor allem im Bundesstaat Mato Grosso do Sul, den die Agrar- und Fleischindustrie fest in der Hand hat. Zwischen August 2015 und Juli 2016 wurde in Brasilien bereits fast die doppelte Menge Wald abgeholzt wie 2012.

Aber ausgerechnet die Fleischindustrie hat sich nun, samt ihren Abnehmern und Zulieferern, mit großem Bohei der sogenannten Nachhaltigkeit verschrieben.

Grüne Tierfabriken

Im Millionen-Moloch São Paolo, der nur aus Wolkenkratzern und verstopften Straßen zu bestehen scheint, treffen wir Fernando Sampaio. Sein Büro befindet sich in einem der gesichtslosen Hochhäuser im Zentrum der größten Stadt Brasiliens. Als wir ihn im März 2016 dort besuchen, ist er Direktor des Verbands der brasilianischen Rindfleischexporteure (ABIEC) und Präsident des Roundtable on Sustainable Lifestock (GTPS).[150] Zu diesem Runden Tisch für nachhaltige Nutztiere gehört auch der für nachhaltiges Rindfleisch, der Global Roundtable for Sustainable Beef (GRSB).

Diese Initiative ähnelt in ihrer Zusammensetzung dem Runden Tisch für nachhaltiges Palmöl: Im Präsidium sitzen JBS, der größte Fleischkonzern der Welt, und der Fast-Food-Gigant McDonald's. Zu ihnen gesellt sich – einmal mehr – der WWF. Dem erweiterten Vorstand gehören außerdem der Agrarkonzern Cargill und die Zertifizierungsorganisation Rainforest Alliance an, deren Siegel mit dem grünen Frosch auch Antônio Ricardo Sechis' Steaks ziert. Und die Chemiekonzerne Bayer und Dow

Agrosciences, die Pharmafirma Merck Animal Health und die Rabobank sind mit von der Partie.

Ich stelle Sampaio eine simple Frage: »Was ist nachhaltiges Rindfleisch?«

Sampaio sagt: »Der Runde Tisch will die Leute nicht erziehen und sagen, dies ist nachhaltig und das nicht. Wir entwickeln Standards für die ganze Wertschöpfungskette. Die Frage ist, was sind die Indikatoren, die die Farm jeweils besser machen.«

Herrje! »Ich verstehe nicht, wie massenhaft produziertes Rindfleisch nachhaltig sein könnte.«

»Wir versuchen, die Nutztiere effizienter zu machen. Wir müssen mit weniger mehr produzieren.«

»Wie soll das funktionieren?«

»Erstens kann man mehr Tiere pro Hektar halten, das braucht weniger Land, und man muss weniger Wald abholzen. Zweitens müssen wir mehr Fleisch pro Tier erzeugen. Das geschieht durch Züchtung, besseres Futter und mehr Gesundheit. Je effizienter wir produzieren, je weniger Platz und Futter wir brauchen, desto weniger Treibhausgase produzieren wir. Früher wurden Rinder fünf Jahre gehalten. Heute achtzehn Monate.«

Achtzehn Monate. Eine perverse Effizienz, wenn man bedenkt, dass Rinder bis zu dreißig Jahre alt werden können, wenn man sie nicht zu Schnitzeln und Gulasch verarbeitet.

»Sprechen wir also von Feedlots?«

»Feedlots sind nicht das einzige Instrument. Aber es wird mehr von ihnen geben.«

Feedlots, das sind riesige Mastanlagen unter freiem Himmel. Dort verbringen die Rinder, nachdem sie die meiste Zeit ihres kurzen Lebens auf der Weide verbracht haben, ihre letzten hundert

Tage vor der Schlachtung. Zu Zehntausenden werden die Tiere eingepfercht und mit Hormonen, Antibiotika, Mais- und Soja-Kraftfutter vollgestopft. Das ist seit vielen Jahren das gängige Modell in den USA. Concentrated Animal Feeding Operation (CAFO) nennt man die Freiluft-Massentierhaltungen, in denen mehr als zehn Millionen Rinder in den Vereinigten Staaten vegetieren. Aber nicht nur die eingesperrten Tiere leiden: Die Hormone sind für Menschen gesundheitsschädlich. Die Unmengen Antibiotika, die den Tieren verabreicht werden, sorgen für multiresistente Keime. Und die riesigen Massen Urin und Mist, die in gigantische, meist offene Güllelagunen geleitet werden, verseuchen Böden, Wasser und Luft mit Bakterien, Viren, Schwefelgasen und Ammoniak.

Alleine die Firma Five Rivers Cattle besitzt in Arizona, Colorado, Idaho, Kansas, Oklahoma sowie in Kanada Feedlots für insgesamt mehr als eine Million Rinder. Massenställe für eine weitere Million hat die Firma in Australien, Mexiko und Puerto Rico. Five Rivers Cattle ist eine Tochterfirma des brasilianischen Konzerns JBS. Das brasilianische Unternehmen, das José Batista Sobrinho in den fünfziger Jahren in São Paolo gegründet hat, ist heute mit 43 Milliarden Euro Umsatz der größte Fleischproduzent der Welt: Ein Viertel des weltweit gehandelten Rindfleischs stammt von JBS. Die Hälfte seines Geschäfts wickelt das einstige Familienunternehmen, das auch im Leder- und Biosprit-Business aktiv ist, in den USA ab.

An dieser zweifelhaften Erfolgsgeschichte hatte auch die brasilianische Regierung ihren Anteil: Die Brazilian National Development Bank, die zum brasilianischen Ministerium für Entwicklung, Industrie und Außenhandel gehört, päppelte JBS mit großzügigen Krediten zu einem international wettbewerbsfähigen

Imperium hoch. Dickes Geld half auch an anderer Stelle: Joesley Batista, CEO von JBS und Sohn des Gründers, ist, wie sein Bruder Wesley, in einen riesigen Korruptionsskandal verwickelt: Seit 2010 hat die Fleischfirma 172 Millionen Euro an illegalen Wahlspenden und Bestechungsgeld an insgesamt 1 829 Politiker aus 28 unterschiedlichen Parteien gezahlt. Damit erkaufte sich der Steak-Clan Parlamentsstimmen gegen unliebsame Gesetze, den Erlass von Steuerschulden und den Zugang zu Insiderwissen. Im Wahlkampf 2014 ließ JBS umgerechnet 100 Millionen Euro illegal in die Taschen von Politikern fließen. Etwa ein Drittel des aktuellen brasilianischen Kongresses wurde von JBS geschmiert. Die Batista-Brüder haben zwar mit der brasilianischen Staatsanwaltschaft einen Kronzeugen-Deal ausgehandelt: Sie würden vor Gericht alles zugeben und mit der Justiz zusammenarbeiten; zusätzlich würden sie ihr einen »dicken Fisch« ans Messer liefern. Namentlich Präsident Michel Temer, der ebenfalls tief im Korruptionssumpf steckt. Ihn hatten sogar die Batista-Brüder selbst mit vier Millionen Euro geschmiert. Weil sie jedoch der Staatsanwaltschaft wichtige Informationen vorenthielten, kamen sie aber in Untersuchungshaft.[151]

Obendrein ist JBS auch noch in einen Gammelfleischskandal verwickelt: Neben dem Hühnerfleischgiganten BRF wird auch JBS verdächtigt, über Jahre hinweg verdorbenes Fleisch weltweit verkauft und mit krebserregenden Mitteln präpariert zu haben, um Gestank und Verfall zu kaschieren. Außerdem sollen Fleischprodukte mit Kartoffeln, Wasser und Pappe gestreckt worden sein.[152] Der Fleischkonzern soll dazu systematisch Inspektoren in Schlachthäusern bestochen haben – mit bis zu 6 000 Dollar pro Monat.

Und ausgerechnet diese kriminelle Firma will jetzt also am Runden Tisch für nachhaltiges Rindfleisch die Welt mit Massenmastanlagen retten. Gemeinsam mit den anderen Industriemitgliedern, für die solche Feedlots ein riesiges Geschäft bedeuten: für den Agrarhändler Cargill, der in diesem System noch mehr von seinem Sojafutter verkaufen kann. Für die Pharmakonzerne, deren Medikamente dort verstärkt zum Einsatz kommen werden. Für den Fast-Food-Konzern McDonald's, der zu den Kunden von JBS zählt und der für seine siebzig Millionen Gäste am Tag jede Menge Rindfleisch für Hamburger braucht. Und für die Rabobank, die umstrittene Agrarinvestitionen in den Ländern des Südens tätigt.

Zehn Prozent der Rinder, die in Brasilien jedes Jahr geschlachtet werden, durchlaufen die sogenannte Endmast in Feedlots. Dieser Anteil soll sich bis 2023 von vier auf neun Millionen Tiere mehr als verdoppeln, schreibt 2014 die Rabobank. In ihrem Report *Beefing up in Brazil: Feedlots to Drive Industry Growth* schwärmt die niederländische Genossenschaftsbank geradezu über die »strahlenden Möglichkeiten« der exportierenden brasilianischen Fleisch- und Futterindustrie. Für diese Produktionssteigerung müssten Feedlots für zusätzliche 2,5 Millionen Rinder gebaut werden. Das würde zwischen 250 und 500 Millionen US-Dollar kosten.[153] Klingt wie ein Kreditangebot.

Einige von den brasilianischen Feedlots in Mato Grosso, Mato Grosso do Sul und im Bundesstaat São Paolo gehören JBS. Sie fassen zwischen 140 000 und 160 000 Rinder. Darüber hinaus hat der Konzern 36 Fleischfabriken im ganzen Land. Klar, dass JBS an der Ausweitung der Intensivmast Interesse hat: In den kommenden zwanzig Jahren würden mehr Rinder in Brasilien weg von den Weiden in Feedlots gehen, verkündete JBS-Lobbyist Chandler Keys 2010 bei der Globale Conference on

Sustainable Beef.[154] Diese hatten Cargill, JBS, McDonald's, Schering-Plough Animal Health, Walmart und der WWF in Denver einberufen.

»Niemand von uns würde heute in ein Krankenhaus gehen, wie es vor achtzig Jahren war. Das wäre verrückt, oder? Aber wenn es ums Essen geht, scheinen wir alle der Auffassung zu sein, dass Nahrung aus der guten alten Zeit so viel besser war als heute«, sagt Judith Capper. Es ist eines dieser klassischen Scheinargumente, mit denen Anhänger der industriellen Landwirtschaft ihre Gegner als ahnungslose und romantisch verblendete Ideologen abkanzeln. Capper, die sich »Bovidiva« nennt, ist wissenschaftliche Beraterin für die Fleisch- und Lebensmittelindustrie; sie war auch bei der Fleischkonferenz in Denver zu Gast. Der zitierte Satz stammt aus einem Interview, das Capper dem Breakthrough Institute gegeben hat.[155] In diesem US-amerikanischen Think Tank versammeln sich sogenannte Ökomodernisten. Solche geben sich oft als Öko-Renegaden aus, die nun zur Vernunft gekommen sind, sich also gewissermaßen vom Paulus zum Saulus gewandelt haben. Sie propagieren einen »modernisierten Umweltschutz für das 21. Jahrhundert«. Innerhalb dessen sollen längst als zerstörerisch anerkannte Technologien wie Gentechnik, Atomkraft, Fracking und industrielle Intensivlandwirtschaft das Klima retten und den Welthunger beseitigen. Auch das ist eine Form des Greenwashing. Capper, die sich als geläuterte Exveganerin ausgibt, vertritt entsprechend die Meinung, dass es nachhaltiger und klimafreundlicher wäre, wenn Rinder in intensiver Mast gehalten würden.

»Wenn wir zum Beispiel in den USA komplett auf grasgefüttertes Rindfleisch umsteigen würden, würde das zusätzlich

64,6 Millionen Rinder erfordern, 530 000 Quadratkilometer mehr Land und 135 Millionen Tonnen mehr Treibhausgase. Wir hätten dann dieselbe Menge Fleisch, aber mit riesigen Umweltkosten«, sagt Capper im Interview. Kann schon sein. Allerdings essen die Amerikaner mit am meisten Fleisch auf der Welt – nämlich sagenhafte 112 Kilo pro Kopf und Jahr. Dass dieser grotesk hohe Fleischkonsum nicht nur tierethisch bedenklich ist,[156] sondern ökologische und soziale Folgen zeitigt, ficht die »Bovidiva« nicht an. Im Gegenteil: Während sie als einzige Alternative die Intensivmast propagiert, kritisiert sie Veganer und Vegetarier: Deren »eindimensionale Patentrezepte« würden »keine Nachhaltigkeitsprobleme lösen«.[157] Das unterfüttert Capper mit haarsträubenden Argumenten: Würde man dem (angeblichen) Willen der Veganer folgen und ließe sämtliche US-amerikanischen Kühe am Leben, würden binnen fünf Jahren mehr als 600 Millionen Kühe die USA bevölkern. Und würden weltweit alle Menschen Veganer und Vegetarier, bräuchte es Unmengen von Land, mineralischem Dünger und Pestiziden, um Getreide und Gemüse für sie herzustellen. Eine solche Minderheiten-Mehrheiten-Verdrehung macht automatisch die wenigen Vegetarier und Veganer zu Zerstörern und die Masse von Fleischessern zu Weltrettern. Eine äußerst bequeme und nur allzu gern gehörte »unbequeme Wahrheit«.

Faktisch ist es allerdings so, dass fast drei Viertel des landwirtschaftlichen Landes auf diesem Planeten für die Fleischproduktion genutzt werden – als Weideland und Anbauflächen für Tierfutter. Im sogenannten Sojagürtel, der sich von Argentinien über Bolivien, Brasilien und Paraguay bis Uruguay erstreckt, wachsen die Monokulturen auf einer Fläche größer als Deutschland,

Österreich und die Schweiz zusammen. Der Großteil davon ist gentechnisch verändert und braucht in der Folge jede Menge Pestizide. Das Round-Up-Ready-Saatgut des Konzerns Monsanto, das dort zum Einsatz kommt, macht die Sojapflanze gegen Glyphosat immun und tötet alle anderen Wildkräuter. In Argentinien wächst auf der Hälfte der Ackerfläche des Landes Round-Up-Ready-Soja, in Brasilien in mindestens siebzig Prozent der Monokulturen. Alleine Argentinien versprüht über diesen Plantagen mindestens 200 Millionen Liter Glyphosat. Insgesamt kommen dort mehr als 300 Millionen Liter Pestizide auf die Felder, darunter auch hochgiftige Herbizide wie Endosulfat und D-2,4. Denn in Argentinien sind bereits sieben Unkrautarten gegen Glyphosat immun, in Brasilien fünf. Wenn immer mehr Gift gesprüht werden muss, klingeln die Kassen der Chemie- und Agrarkonzerne immer lauter. Für die Menschen in den Anbaugebieten aber bedeutet das Gift oft Leid und Tod: Die Krebsraten der Menschen, die in den Anbaugebieten im toxischen Nebel leben, sind um ein Vielfaches höher als in anderen Regionen. Fehl- und Totgeburten mehren sich. Kinder kommen mit Hirn- und Organschäden zur Welt. Atemwegs- und Hauterkrankungen sind weit verbreitet.

Hier wiederum sorgt der Runde Tisch für verantwortungsvolles Soja (RTRS) dafür, dass alles weitgehend bleiben kann, wie es ist. Zu diesem Horrorkabinett gehören Amaggi, Archer Daniel Midlands (ADM), Bunge, Cargill und Louis Dreyfuss, die zusammen den brasilianischen Sojamarkt unter sich ausmachen, Monsanto, Bayer Crop Science, BASF, Dow Agro Sciences, Syngenta, Glencore Grain, die Grüne Börse in Rio (BVRio), Rabobank, Shell, Danone, Nestlé, Mars, Lidl, Unilever und, natürlich, die Naturschutzmultis WWF, Conservation International und

The Nature Conservancy.[158] Vizepräsidentin ist ausgerechnet Juliana de Lavor Lopes, Managerin bei Amaggi. Dieser Konzern wird von Blairo Maggi, dem »Sojakönig«, geleitet. Er ist der größte Sojabauer- und -exporteur der Welt: Sein Getreide wächst im Bundesstaat Mato Grosso auf einer Fläche fast doppelt so groß wie die Kanarische Insel Teneriffa. Maggi war von 2003 bis 2011 Gouverneur von Mato Grosso. Als solcher setzte er sich bei der brasilianischen Regierung dafür ein, dass die Landrechte indigener Gruppen in seinem Bundesstaat nicht anerkannt wurden. Greenpeace verlieh dem Industriellen und Politiker die »Goldene Kettensäge«, weil in seiner Amtszeit mehr Wald denn je für Sojamonokulturen zerstört wurde. Ausgerechnet Blairo Maggi ist jetzt Landwirtschaftsminister von Brasilien.

Zwar ist in Brasilien seit 2006 das Soja-Moratorium in Kraft. Dieses verbietet den Verkauf von Soja, das auf illegal abgeholzten Flächen in der Amazonasregion angebaut wurde. Außerdem verpflichten die Farmer sich in diesem Moratorium, keine Urwaldflächen für den Anbau von Soja zu roden. Tatsächlich ging im Amazonas daraufhin die Entwaldungsrate zurück. Seit dem Moratorium entstanden bis 2014 nur noch etwa ein Prozent der neu geschaffenen Anbauflächen auf dafür abgeholztem Gebiet. Dafür ging an anderer Stelle fleißig die Motorsäge: Seit 2006 entstanden in Gebieten jenseits des Amazonas bis zu 23 Prozent der neuen Monokulturen auf eigens dafür gerodeten Flächen. Denn bis heute ist es nicht gelungen, das Soja-Moratorium auf andere Regionen als den Amazonas auszuweiten.

98 Prozent des Sojas aus Lateinamerika landen nicht in den Mägen von Menschen, sondern in Futtertrögen. Nur 67 Prozent aller angebauten Pflanzen der Welt dienen als Nahrungsmittel für

Menschen. Der Rest wird zu Futter und Biosprit verarbeitet. Eine Studie der Universität Minnesota kommt zu dem Ergebnis, dass vier Milliarden Menschen mehr ernährt werden könnten, würde die Getreideernte zu Nahrungsmitteln verarbeitet.[159] Und wenn in den OECD-Ländern nur ein Drittel weniger Fleisch konsumiert würde, wäre Ackerland von der Größe Deutschlands frei, um auf ihm Nahrung für Menschen anzubauen. Während nach wie vor fast eine Milliarde Menschen hungern, fressen die rund zwanzig Milliarden Tiere, die weltweit geschlachtet werden, die Hälfte des weltweit geernteten Getreides. Nutzpflanzen mit einem Brennwert von 100 Kalorien, die statt Menschen Tiere ernähren, dienen der Produktion von Fleisch, das nur ein Drittel dieser Energie bereitstellt. Ein einziges Kilo Rindfleisch schlägt in der Bilanz mit sieben bis sechzehn Kilo Futter und 600 000 Liter Wasser zu Buche. Darüber hinaus stammen knapp 70 Prozent der direkten Treibhausgasemissionen für Ernährung von tierischen Produkten.

In ihrer viel zitierten Untersuchung *Der Umwelteinfluss der Rindfleischproduktion in den Vereinigten Staaten: 1977 und 2007 im Vergleich*[160] kommt Judith Capper trotzdem zu dem Ergebnis, dass die »moderne« Intensivhaltung von Rindern, die dort mit Getreidekraftfutter – auch Soja – gefüttert werden, weniger Land, Futter und Wasser bräuchte und somit klimafreundlicher sei als die Massentierhaltung in den siebziger Jahren, in der die Tiere vor allem Gras und Heu bekamen. Allerdings lässt Capper sowohl die Verwendung von Antibiotika, Beta-Blockern und Hormonen und deren Folgen außer Acht als auch den Einfluss der Sojamonokulturen und den hohen Pestizideinsatz auf Biodiversität und Gesundheit. Dass sich Landwirtschaft auch kleinteilig, regional und agrarökologisch denken ließe, ohne Monokulturen und ohne hohen Dünger- und Pestizideinsatz, dass deutlich weniger tierische Produkte konsumiert werden müssten: Das kommt ihr nicht in den Sinn. Dabei wird genau das keineswegs von angeblich verblendeten Ökoromantikern empfohlen, sondern von den Kleinbauernbewegungen in den Ländern des Südens und dem Weltagrarbericht, den mehr als 400 Experten und Wissenschaftler aus aller Welt 2008 erstellt haben.

»Essen Sie Rindfleisch? Welches Fleisch kaufen Sie?«, fragt das Breakthrough Institute Capper am Ende des Interviews. Ihre Antwort: »Ja, das tue ich! Als ich in den Staaten war, war es konventionelles, mit Getreide gefüttertes Rind. Jetzt, wo ich wieder in Großbritannien bin, ist das ein etwas anderes System – Hormonimplantate und Beta-Blocker sind von der Europäischen Union nicht zugelassen, sodass ich gewissermaßen mangels Alternative ›natürliches‹ Rindfleisch kaufe.«

Menschen in Europa wird umweltfreundliches Fleisch mit Beta-Blockern und Hormonen vorenthalten! Riesenskandal. So wird das dann natürlich nichts mit der Weltrettung.

Tatsachen verdrehen, isolierte Fakten überbetonen und entscheidende Details unterschlagen: So werden grüne Lügen hergestellt, die der Industrie als wissenschaftliche Belege dienen. Die Fabrikation dieser grünen Fake News, die schlicht besagen, dass der Status Quo alternativlos ist, hat mittlerweile die klassische Propaganda abgelöst, wie sie einst von Klimawandelleugnern verbreitet wurde. Jemand wie Cappers ist für eine Fleischindustrie, die sich als nachhaltig ausgibt, ein echter Glücksgriff. Und so überrascht es wenig, dass Capper zu den externen Beratern und Beobachtern des Globalen Runden Tisches für nachhaltiges Rindfleisch gehört.

2014 schrieben 23 Tierschutz- und Umweltorganisationen einen offenen Brief an den Vorstand des Global Roundtable for Sustainable Beef. Die Kriterien dieses Runden Tisches seien »im besten Fall nur etwas mehr als eine Ansammlung löblicher Hoffnungen, die ohnehin breit akzeptiert sind«. Die Vorgaben des Runden Tisches seien nur der Versuch, »Business as usual« als »nachhaltig auszugeben«.[161] So sind am Globalen Runden Tisch für nachhaltiges Rindfleisch Antibiotika nicht verboten, nur der »verantwortungsvolle Umgang mit Tiermedizin« ist vorgeschrieben. Hormone und Beta-Blocker werden nicht einmal thematisiert, genauso wenig die schmerzhafte Entfernung der Hörner und Kastration. Die Tiere sollen in einem nicht näher definierten »Umfeld gehalten werden, das zu guter Gesundheit und normalem Verhalten führt sowie körperliches Unwohlsein minimiert.« Es soll »nachhaltig produziertes Futter« verwendet werden, wenn solches erhältlich ist.

Was »nachhaltiges Futter« sein soll?

Keine Angabe. Für die Expansion der Rinderzucht sollen weniger Bäume gefällt werden, die Entwaldung »eventuell ganz abgeschafft« werden. So wird an diesem Runden Tisch ein System, das seit Jahrzehnten ökologische und soziale Schäden hinterlässt, als Fortschritt gefeiert und dessen Ausweitung als nachhaltig. Unterschlagen wird dabei, dass die »Effizienz«, Tiere innerhalb kürzester Zeit zur Schlachtreife zu trimmen, eher dazu führen wird, dass sehr viel mehr von ihnen zu Steaks verarbeitet werden.

»Der Fleischkonsum wächst weltweit. In Brasilien werden jedes Jahr allein 38 Kilo Rindfleisch pro Kopf verzehrt. Glauben Sie wirklich, dass dieses hohe Niveau weltweit möglich ist?«, frage ich Fernando Sampaio.

»Es gibt Länder, die mehr Fleisch essen wollen, andere weniger. Man kann die Produktion verbessern, und das versuchen wir. Man darf nicht diktieren, was die Menschen zu essen haben sollen und was nicht.«

Blutige Steaks

Sônia Bone Guajajara sitzt auf dem Beifahrersitz und schaut unablässig auf das Display ihres Smartphones. Sie runzelt die Stirn, immer wieder tippt sie mit flinken Fingern Nachrichten.

»Du bist dauernd mit deinem Telefon beschäftigt, Sônia«, stichelt Werner.

Sônia schreckt hoch. »Hm? Ja, wirklich?« Sie lacht. »Ich muss doch lesen, ob es Neues bei den Ermittlungen gibt.«

»Welche Ermittlungen?«

»Es geht um die Terena, sie wollen ihr Land von einem Großgrundbesitzer zurück.«

Sônia ist das Oberhaupt der indigenen Bewegung in Brasilien und leitet die Vereinigung der brasilianischen Indigenen APIB. Sie selbst gehört zum indigenen Volk der Guajajara und stammt aus dem Bundesstaat Maranhão im Nordosten des Landes. Wir begleiten sie nach Nioaque ans westliche Ende des Bundesstaats Mato Grosso do Sul. Dort ist Sônia zur Assamblea der indigenen Stämme Terena und Guarani-Kaiowá eingeladen. Drei Tage lang werden sie besprechen, wo sie stehen und wie es weitergehen soll: Wie sie sich ihr Land zurückholen, das ihnen verfassungsmäßig zusteht – von den Fazendeiros, den Großgrundbesitzern.

»Mato Grosso do Sul ist das Land, in dem es am meisten Gewalt gegen Indigene gibt. Ständig werden Menschen misshandelt und umgebracht«, sagt Sônia.

»Warum ausgerechnet hier?«

»Weil es das Land mit den meisten Rinderfarmen ist. Und fast alle Farmen befinden sich auf traditionell indigenem Territorium. Die Regierung hat das Land der Indigenen einfach an die Farmer und Großgrundbesitzer gegeben. Aber wir erkämpfen es uns zurück.«

Nach der Amazonasregion ist Mato Grosso do Sul der Bundesstaat, in dem die meisten Indigenen Brasiliens leben. Die größte Gruppe der Indigenen ist die der Guarani-Kaiowá. »Die Wälder und Wiesen, die ihnen einst gehörten, nehmen eine Fläche von der Größe Deutschlands ein«, schrieb *Die Zeit* in einer Fotoreportage über den Kampf der Guarani-Kaiowá gegen die Großgrundbesitzer.[162] Doch in den 500 Jahren seit der »Entdeckung« Lateinamerikas durch ihre kolonialen Unterdrücker wurde ihnen und auch dem Stamm der Terena fast das ganze Land in Mato Grosso do Sul geraubt. Laut dem National Institute for Colonisation and Agrarian Reform in Brasilien nehmen die 74 größten Farmen in Mato Grosso do Sul 24 000 Quadratkilometer ein, während gleichzeitig das Land, auf dem 77 000 Indigene leben, nur ein Drittel davon ausmacht. Beinahe die Hälfte des Landes befindet sich in der Hand von nur 700 Leuten.[163]

Bereits in der ersten Hälfte des 20. Jahrhunderts vergab die brasilianische Regierung die Gebiete der Guarani-Kaiowá und Terena an weiße Siedler und zwang viele Indigene in Reservate. Die Expansion von Viehweiden, von Soja- und Zuckerrohrplantagen führte zu weiteren gewaltsamen Vertreibungen. 210 000 Quadratkilometer dienen hier Rindern als Weideland, die Anbaufläche für Soja hat sich in den vergangenen fünfzehn Jahren verdoppelt, die Fläche für Zuckerrohr, aus dem Bioethanol gemacht wird, versechsfacht, und die Maismonokulturen haben sich vervierfacht.

Die Landschaft, durch die wir die knapp zweihundert Kilometer von Campo Grande, der Hauptstadt des Bundesstaates, nach Nioaque fahren, ist ein einziges deprimierendes Industriegebiet. »Mato Grosso« heißt übersetzt »großer Wald«. Doch der ist hier fast komplett einem trostlosen Ödland gewichen. Hier und dort ragen die großen grauen Gebäude der Konzerne JBS, Cargill, ADM und Bunge empor. Nach der Sojaernte im Februar sprießen bereits neue Pflanzen auf den unüberschaubaren Äckern, sie wechseln sich ab mit Rinderweiden und Mais- wie Zuckerrohrmonokulturen. Würde nicht gerade ein Schwarm blauer Aras über uns hinwegfliegen, könnte das hier auch Niedersachsen sein.

Noch heute gehört Mato Grosso do Sul zu den brasilianischen Bundesstaaten, in denen am meisten Land geraubt wird. Wo nur Futter für Tiere und Tank wächst, bleibt für Menschen, die sich von ihrem Land ernähren wollen, kaum Platz: Am Straßenrand reihen sich rechts und links Bretterverschläge und armselige Zelte aus Plastikplanen, davor kämpfen handtuchgroße Gemüsegärten um ihr bisschen Leben. »Das sind die Hütten der Indigenen«, sagt Sônia. »Sie haben keinen Ort mehr, an den sie gehen könnten. Sie leben zwischen dem Asphalt und den riesigen Monokulturen.« Hier sind sie nicht nur Dreck, Abgasen und den giftigen Pestiziden ausgesetzt, die auf den Feldern ausgebracht werden, sondern werden auch immer wieder von Lastwagen angefahren, Kollisionen mit oftmals tödlichem Ausgang.

Nicht nur Großgrundbesitzer sind hier in Landraub verwickelt, sondern auch Konzerne. Ein Schlachthaus der Fleischfirma JBS zum Beispiel kaufte in Barra do Garças im Bundesstaat Mato

Grosso noch 2011 von acht Rinderfarmen, die im Indigenengebiet Marãiwatsede lagen. Das Fleisch wurde in einer Fabrik in
São Paulo zu Konserven verarbeitet, die nach Europa geliefert
wurden – unter anderem an Tesco und die Metro Group.[164] Coca-
Cola kauft Zucker vom US-amerikanischen Lebensmittelgigan-
ten Bunge in Brasilien, welcher wiederum Zuckerrohr von dem
Land bezieht, das den Guarani-Kaiowá geraubt wurde. Fünf Farmen liegen im Indigenengebiet Jatayvary bei Dourados südlich
der Hauptstadt von Mato Grosso do Sul, Campo Grande.[165] Für
sein angeblich nachhaltiges Coca Cola Life, das statt Zucker das
süße Extrakt der Stevia-Pflanze enthält, will der Getränkemulti
die Guarani-Kaiowá nun sogar direkt bestehlen. Coca-Cola will
die Pflanze, die die Indigenen seit Jahrhunderten nutzen, paten-
tieren und kommerzialisieren. Ein klarer Fall von Biopiraterie:
Nach der Biodiversitätskonvention der Vereinten Nationen hätten die Guarani-Kaiowá ihr Einverständnis geben müssen.
Selbstverständlich wurden sie nicht danach gefragt.[166]

»Wenn man der Industrie glaubt, ist das alles nachhaltig. Das
Fleisch, das Soja, das Zuckerrohr. Was hältst du davon, Sônia?«,
frage ich.

Sônia lacht. »Das Fleisch ist aus dem Blut der Indigenen gemacht. Und jede Monokultur ruiniert die Erde. Seit Tausenden
von Jahren leben wir in Harmonie mit der Natur und vom Wald.
Wir haben alles bewahrt. Dafür gibt es keinen Namen. Aber auf
einmal reden alle von ›Nachhaltigkeit‹ und ›grün‹.«

Sônia mag es bunt. Zu roten Jeans trägt sie ein grünes T-Shirt.
Darauf steht in weißen und gelben Buchstaben: »Guardias da Flo-
resta«, übersetzt: »Hüterinnen des Waldes«. Sie zeigt auf einen
großen dunklen, rechteckigen Block am Horizont. »Da seht ihr,

kilometerlange Eukalyptusmonokulturen. Die sind grün. Aber es ist ein dreckiges Grün. Die großen Plantagen sind eine grüne Lüge.«

»Aber kann denn Essen für so viele Menschen wirklich natürlich hergestellt werden?«, fragt Werner.

»Ja, ich denke, das ist möglich. Einzelne kleine Bauern können die Menschen überall vor Ort versorgen. Die Plantagen hier füttern aber keine Menschen. Hier geht es nur um Profit, das meiste wird exportiert. Das Soja ist nicht für uns, das Fleisch auch nicht.«

Alle Guarani-Kaiowá, die in Mato Grosso do Sul leben, leiden an Hunger und Mangelernährung. 90 Prozent von ihnen sind von Lebensmittelhilfen abhängig. Das ergibt eine Studie der Menschenrechtsorganisation FIAN aus dem Jahr 2016.[167] Sie haben keinen Wald mehr, der sie versorgen könnte, und kein Land, auf dem sie anbauen könnten. Viele von ihnen arbeiten wie Sklaven in den Plantagen. Die Hungerlöhne reichen nicht zum Leben. Die Kinder leiden am meisten: Sie sind mangelernährt und untergewichtig. Allein 2014 starben 55 indigene Kinder in Mato Grosso do Sul an Unterernährung.

Es ist nicht der einzige Terror, dem die Indigenen in Brasilien ausgesetzt sind. Statt sechs Millionen Indigener, die hier um das Jahr 1500 lebten, gibt es heute nur noch 800 000. Millionen von ihnen wurden umgebracht. Der Genozid an der brasilianischen Urbevölkerung gehört nicht nur der dunklen Zeit der Kolonialisierung durch europäische Mächte an. Damals starben große Teile der einheimischen Bevölkerung an den aus Europa eingeschleppten Krankheiten, an den Folgen der gnadenlosen Zwangsarbeit auf den Plantagen oder wurden schlicht umgebracht. Doch in den vergangenen fünfundzwanzig Jahren wurden noch einmal mindestens 1 500 Indigene in blutigen Landkonflikten ermordet, die meisten davon in Mato Grosso do Sul.[168]

Die Welle der Gewalt ebbte nicht einmal ab, als die Vereinten Nationen die Sonderberichterstatterin für die Rechte indigener Völker schickte: Victoria Tauli-Corpuz hatte kurz vor unserer Ankunft Mato Grosso do Sul besucht, um sich die Situation der Indigenen anzusehen. Noch in derselben Nacht, in der Tauli-Corpuz abreiste, wurde ein Dorf, das sie besucht hatte, überfallen und eine Bewohnerin angeschossen.

In ihrem Bericht über den Besuch forderte die UN-Berichterstatterin die brasilianische Regierung auf, ihrer menschenrechtlichen Pflicht nachzukommen und das Leben der Indigenen zu schützen.[169] Denn Brasilien hat die UN-Übereinkommen über indigene und in Stämmen lebende Völker unterzeichnet. Diese Übereinkunft beinhaltet auch den Anspruch der Indigenen auf ihre traditionellen Gebiete. Auch verpflichtete die brasilianische Verfassung 1988 den Staat dazu, binnen fünf Jahren alle indigenen Gebiete zu demarkieren und zurückzugeben. Doch bis heute hat die Regierung erst 1,6 Prozent der Fläche von Mato Grosso do Sul als indigenes Gebiet anerkannt. Das ist weniger als die Hälfte des Landes, das den Stämmen zusteht (etwa vier Prozent der Gesamtfläche von Mato Grosso do Sul).

Darüber hinaus hat die Regierung der Landwirtschaft und den Großgrundbesitzern komfortable Schlupflöcher in das brasilianische Demarkationsgesetz und selbst in die Verfassung gebohrt. Seit 2010 haben Indigene, die vor Oktober 1988 von ihrem Land vertrieben wurden, kein Anrecht mehr auf ihren angestammten Besitz. Erst in jenem Jahr erkannte Brasilien Indigene überhaupt als Rechtssubjekte an. Außerdem kann jeder Bürger

Einspruch einlegen gegen die Demarkation, die eigentlich dafür sorgen soll, dass die Indigenen ihr Land erhalten. So enden Landkonflikte oft vor Gericht, wo meistens die Fazendeiros gewinnen. Nun versuchen viele Indigene, sich ihr Land gemeinsam zurückzuholen, indem sie Farmen besetzen. Seit den neunziger Jahren gibt es immer mehr von diesen Retomadas. Im Gegenzug hetzen ihnen die Fazendeiros, die sich an das Land klammern, das ihnen nicht gehört, Schlägertrupps und paramilitärische Gruppen auf den Hals.

Viele Stammesmitglieder leiden so sehr unter der ausweglosen und brutalen Situation, dass sie sich das Leben nehmen. Unter den Guarani-Kaiowá gibt es die höchste Selbstmordrate des Landes.

»Dieser Hass und diese Wut auf uns hat mit Geld und Gier zu tun. Der Kapitalismus bringt all diese Gewalt mit sich. Wir sind in unseren eigenen Dörfern nicht sicher, jeden Moment können wir von denen angegriffen werden, die unser Territorium ausbeuten wollen. Diese Leute wollen unsere Lebensweise nicht akzeptieren. Sie wollen uns erledigen, koste es, was es wolle«, sagt Sônia. »Wir können nicht in Frieden auf unserem Land unser gutes Leben führen.«

»Was ist ein gutes Leben, Sônia?«

Abermals erklingt ihr ansteckendes Lachen.

»Für uns bedeutet ein gutes Leben nicht, ein Auto zu besitzen oder ein gutes Haus aus Ziegeln. Es geht uns nicht immer um Besitz. Während wir für eine intakte Umwelt eintreten, denken andere Menschen anders. Sie wollen das Land ausbeuten. Wir pflanzen Bäume und lassen sie wachsen für bessere Luft, während die anderen einen Baum anschauen und sich nur fragen, wie viel Geld er wert ist. Für uns bedeutet ein gutes Leben, in Freiheit auf unserem Land zu leben und zu genießen, was die Erde uns bietet. Dafür brauchen wir die Garantie, dass dieses Land uns gehört.«

Diese Botschaft trägt die 43-jährige Sônia Bone Guajajara aus den kleinen Dörfern in die große Welt. Mehrfach hat sie vor den Vereinten Nationen gesprochen. Als wir sie in Campo Grande abholen, kommt sie gerade aus New York. Auch beim UN-Klimagipfel in Paris war sie zu Gast. Denn es sind nicht nur brasilianische Großgrundbesitzer, Regierung, korrupte Politiker und Agrarmultis, die in diesen Krieg gegen Indigene verwickelt sind. Sondern auch jene kapitalistischen Zentren, die Fleisch, Zuckerrohr und Soja importieren. Europa zum Beispiel.

Importierter Landraub

Kein anderer Kontinent konsumiert derart auf Kosten der Länder im globalen Süden wie Europa. Die EU beansprucht für ihre Grundnahrungsmittel und andere Konsumgüter aus landwirtschaftlicher Produktion anderswo in der Welt eine Fläche, die mit 6,4 Millionen Quadratkilometern eineinhalb mal größer ist als alle 28 Mitgliedstaaten zusammen.[170] Zum Beispiel importiert sie Palmöl, Fleisch, Fisch und Meerestiere aus Aquakultur, Obst, Gemüse, Futtersoja, Zuckerrohr und Rohstoffe für Biosprit. Jeder EU-Bürger okkupiert im Schnitt sechsmal so viel Land wie ein Einwohner von Bangladesch.[171]

Diesen »Landfußabdruck« hat das Sustainable Europe Research Institute (SERI) in Wien berechnet. Wahrscheinlich ist er sogar noch sehr viel größer, denn der Landverbrauch importierter

Produkte wie Baumwolle, Mineralien und Metalle wurde in der Kalkulation mangels Daten nicht berücksichtigt. Während also die Europäische Union ihre Außengrenzen immer höher zieht und sich gegen jene Menschen abschottet, die vor Armut, Hunger und Krieg hierherfliehen, verleibt sie sich wie selbstverständlich Land und Lebensgrundlagen anderer jenseits dieser Grenzen ein. Und zwar nicht selten dort, wo die Regierungen nicht einmal gewährleisten können, dass die eigene Bevölkerung mit ausreichend Grundnahrungsmitteln und anderen Gütern versorgt wird. Das International Resources Panel des Umweltprogramms der Vereinten Nationen (UNEP) hat berechnet, wie viel Ackerland wir nutzen dürften, wenn dieses global fair verteilt würde: 0,2 Hektar pro Person und Jahr – das ist weniger als ein Sechstel dessen, was jeder Europäer derzeit verbraucht.[172]

Besonders großzügig am Land anderer Länder bedient sich, wie anders, die Bundesrepublik. Sie kauft jährlich Essen und Waren, die mehr als die doppelte Fläche Deutschlands andernorts beanspruchen. Nach den USA und China ist Deutschland der drittgrößte Importeur von Agrarprodukten der Welt. Und zwar vor allem aus den Ländern des Südens: Das Statistische Bundesamt (Destatis) hat bereits 2010 berechnet, dass in den sogenannten Schwellen- und Entwicklungsländern immer größere Agrarflächen von Deutschland belegt werden.[173] Zwischen 2000 und 2010 sind die Flächen, die Deutschland für seine Lebensmittelproduktion im Ausland belegt, um 38 Prozent auf 180 000 Quadratkilometer gestiegen. Land, das dort für die eigene Produktion von Lebensmitteln verloren ist.

Dabei könnte sich das flächenmäßig fünftgrößte Land Europas fast komplett selbst mit Essen versorgen. Der Selbstversorgungsgrad mit Lebensmitteln, die in Deutschland angebaut und produziert werden können, liegt laut dem Bundesministerium für Ernährung und Landwirtschaft (BMEL) bei 93 Prozent. Theoretisch. Praktisch ist Deutschland aber Nettoimporteur von Lebensmitteln. Denn die landwirtschaftlichen Flächen sind auch hier vor allem für die Fleischproduktion reserviert. Deutschland ist gleichzeitig auch der drittgrößte Agrarexporteur der Welt: Mehr als ein Viertel aller Erlöse erzielt die deutsche Landwirtschaft aus dem Export von Fleisch und Milch.[174]

Nirgends in Europa wird davon mehr erzeugt als in Deutschland. In den vergangenen zwanzig Jahren hat sich alleine die Produktion von Fleisch in Deutschland verdoppelt. Sie erreichte 2015 einen Rekord von 8,25 Millionen Tonnen. Mehr als eineinhalb Millionen Tonnen davon werden exportiert, vor allem in EU-Länder und nach China.

Aber um die insgesamt 200 Millionen sogenannter »Nutztiere« in Deutschland zu füttern, werden auch hierzulande zwei Drittel der landwirtschaftlich genutzten Flächen für Tierhaltung genutzt: Als Weiden und zum Anbau von Futterpflanzen wie Mais und Weizen. Nur ein Fünftel des hier angebauten Getreides wird zu Nahrungsmitteln für Menschen verarbeitet, der Rest wandert in Futtertröge, Autotanks oder Biogasanlagen. Zwei Drittel des Gemüses muss Deutschland importieren, weil im Inland auf weniger als einem Prozent der landwirtschaftlichen Fläche noch Gemüse angebaut wird.

Bei 85 Prozent der Deutschen kommt jeden Tag Fleisch auf den Tisch. Kein Tierleid, kein BSE, kein Gammelfleischskandal, kein abgeholzter Regenwald und keine globale Ungerechtigkeit kann sie davon abhalten. 98 Prozent des Fleisches, das in Deutschland gegessen oder von dort exportiert wird, stammen aus Massentierhaltung. Immer weniger Betriebe bewirtschaften immer größere Flächen und Mega-Mastanlagen. Darin erzeugen sie immer mehr Fleisch, Milch und Eier in immer kürzerer Zeit.

Aber nicht einmal die irrsinnig großen landwirtschaftlichen Flächen, auf denen in Deutschland Tierfutter wächst, reichen aus, seine Schnitzel-, Eier- und Milch-Lieferanten zu ernähren. Sie fressen 80 Millionen Tonnen Futter pro Jahr. Für sie werden jedes Jahr 4,5 Millionen Tonnen Futtersoja vor allem aus Lateinamerika importiert. Das sind mehr als zehn Prozent der 35 Millionen Tonnen Sojabohnen, die jedes Jahr in die EU eingeführt werden. Alleine für den Fleischkonsum in der Europäischen Union werden in Lateinamerika Äcker der Größe Englands mit Soja bebaut.

Diese zerstörerische Form der Landwirtschaft und Ernährung ließe sich hierzulande nicht aufrechterhalten, wenn sich die Externalisierungsgesellschaften in Deutschland und Europa ihre Teller nicht in anderen Teilen der Welt bis zum Rand füllen würden.

Aber was, wenn sich die Menschen im globalen Süden das nicht bieten ließen? Wenn sie dagegen aufbegehrten, dass ihnen die Reichen in aller Welt das Land rauben? Was, wenn sie ihr Land nicht mehr hergeben?

Der Kampf hat begonnen

Sônia Bone Guajajara sitzt auf einer kleinen Holzbank unter schattigen Bäumen im Indigenendorf Nioaque. Sie hat die Jeans und das T-Shirt gegen ein hellblaues Trägerkleid getauscht, trägt Federohrringe und ein aus kleinen bunten Perlen geknüpftes

Stirnband über ihren langen schwarzen Haaren. Viele Terena und Guarani-Kaiowá tragen zur Assamblea stolz ihre traditionelle Kleidung und Federschmuck. Wie eine Heldin ist Sônia von ihnen empfangen worden, als wir am Abend zuvor hier angekommen sind. Für viele Indigenen in Brasilien ist die mutige, unermüdliche und leidenschaftliche Landkämpferin genau das: eine Heldin. »Wir müssen zusammenhalten. Weil es nicht gegen Einzelne von uns geht, sondern gegen uns alle. Wir haben Verbündete – aber die Kraft und Stärke muss von uns kommen, aus unseren Wurzeln und von unseren Leuten«, sagt sie am Ende ihrer flammenden Begrüßungsrede. Helle Begeisterung schlägt ihr daraufhin von den versammelten Terena und Guarani-Kaiowá entgegen; wir spüren die Kraft, die Stärke und den Stolz der Assamblea, und die Jugendlichen der Stämme spüren sie offenbar auch, denn sie fotografieren mit ihren Smartphones Sônia wie einen Star. Ihren Star.

Auf der Bank neben Sônia sitzt Jucinei Terena. Auf der Assamblea repräsentiert er die indigenen Studenten von Mato Grosso do Sul. Mit feinem Pinsel und schwarzer Tusche malt er auf Sônias Arme und Unterschenkel traditionelle Muster. Das Dorf, in dem Jucinei lebt, ist eineinhalb Autostunden östlich von hier in Sidrolândia. Dort haben sich die Terena ihr Gelände, das halb so groß ist wie München, zurückerkämpft. Jahrzehntelang stand dort allerdings die Rinderfarm Fazenda Buriti. Denn 1927 hatte die Regierung das Land einfach jemand anders, einem gewissen Bacha, zugeteilt, obwohl es seit jeher den Indigenen gehört hatte. Sein Enkel, der Lokalpolitiker Ricardo Bacha, erbte von ihm die Farm. Die Terena protestierten immer wieder hartnäckig. Vergeblich, bis die Regierung ihnen endlich 2000 die Rückgabe des Landes versprach. Doch der Farmer verharrte ungerührt auf dem Hof. Im Mai 2013 besetzten mehrere Hundert Terena das Gelände. Ricardo Bacha weigerte sich weiterhin, das Land zurückzugeben. Mit Klagen und juristischen Manövern verzögerte er die rechtmäßige Übergabe an die Terena ins Unendliche. So lange, bis sich mehr als 1 500 Stammesangehörige via Facebook verabredeten, diese und drei weitere Ländereien in Mato Grosso do Sul, die ihnen gehören, zu stürmen.

Im Morgengrauen des 15. Mai 2013 kamen zweihundert Terena mit selbstgebastelten Böllern, Knüppeln und Lanzen auf die Buriti-Farm. Sie errichteten ein Camp und blieben mit ihren Familien dort zwei Wochen. Auch Jucinei war dabei. Dann allerdings schlug das System mit Macht zurück. Zehn Busse karrten mehr als hundert Polizisten auf das umkämpfte Land. Eliteeinheiten und Bundespolizisten. Mit Helmen und Schilden geschützt, schossen sie mit Gummipatronen und scharfer Munition auf die Terena.

»Diesen Tag werde ich mein Leben lang nicht vergessen«, sagt Jucinei, »denn an diesem Tag ist unser Bruder umgebracht worden. Ihm wurde in den Bauch geschossen. Zehn Minuten später war er tot.«

Am 30. Mai 2013 wurde der Terena Oziel Gabriel erschossen. Er war 38 Jahre alt, als ihn die Polizeikugel traf.[175] Viele andere wurden verletzt; auch Jucinei wurde von einer Gummikugel getroffen. »Die Fazendeiros unterstützen sich gegenseitig. Immer, wenn wir kurz davor sind, unser Land zurückzubekommen, greifen sie uns an. Sie ziehen selbst die National Public Security Force auf ihre Seite, die uns eigentlich beschützen und helfen müsste, die Konflikte zu lösen«, sagt Jucinei, während er auf Sônias Haut schwarze Dreiecke und feine Linien zeichnet. »Die Regierung, die uns unsere Gebiete zurückgeben muss, sieht in uns ein Hindernis für die Entwicklung des Landes. Aber was ist das für eine Entwicklung? Eine, in der nur derjenige etwas zählt, der Geld hat. Wer nichts besitzt, ist nichts wert.«

Heute leben die Terena zwar auf dem Gelände der Buriti-Farm. Doch sie werden nach wie vor bedroht. Immer wieder tauchen nachts Fahrzeuge auf, um sie einzuschüchtern, außerdem habe es weitere Schießereien gegeben, sagt Jucinei. »Aber wir werden weiter Widerstand leisten.«

»Denkt ihr, die Menschen in Europa würden irgendetwas verlieren, wenn ihr Gerechtigkeit bekommt?«, frage ich die beiden.

»Ich glaube nicht, dass jemand verlieren würde«, sagt Sônia und betrachtet ein wenig ungeduldig Jucineis langsame Pinselarbeitet. »Es ist eine Täuschung zu sagen, wenn hier nicht mehr so produziert wird, verliert Europa. Wir Menschen können uns anderen Verhältnissen anpassen. Es muss ein anderes System geben. Die Menschen werden vom Wirtschaftssystem beherrscht, das dürfen wir nicht zulassen. Die Menschen müssen das System beherrschen.«

»So einfach ist das?«, fragt Werner.

Sônia lacht laut: »Nein! Es ist nicht einfach, das behaupte ich nicht. Alles ist schwierig, deshalb kämpfen wir jeden Tag. Wenn es einfach wäre, dann wäre es nichts für uns, oder? Es ist für die Starken, deshalb haben wir diesen Auftrag bekommen. Wir müssen dranbleiben, jeden Tag darüber reden, herumreisen und es der Welt sagen. Und fest daran glauben, dass die Geschichte eines Tages ihren Lauf ändert.«

Es ist Sonntagvormittag, im Städtchen Aquidauana läuten die Glocken der weißen Basilika. Wir holen Estevinho Floriano Teragao Terena ab. Er hat uns ins Dorf seiner Leute eingeladen. Auf dem Kopf trägt er Schmuck aus blauen Arafedern, dazu Gesichtsbemalung. Auf unserem Weg nach Cristalina bittet er uns anzuhalten. Wir steigen aus und stehen vor einer großen, umzäunten Weide. Die weißen Rinder heben neugierig den Kopf.

»Dieses Land, das ihr hier seht«, sagt Estevinho, »nutzen Großgrundbesitzer, das sieht man daran, dass es nicht natürlich ist. Aber es gehört zu unserem Dorf. Sie müssen es uns zurückgeben, das ist unser verfassungsmäßiges Recht.«

Die Farmer aber wehren sich dagegen mit Händen und Füßen. Sie bedrohen Estevinho. Sie schicken seinem Vater SMS, in denen steht: »Dein Sohn ist dem Tode nah.« Als nach dem Ende der Assamblea in Nioaque am Tag zuvor ein Bus die Terena hierher zurückbrachte, blieb er im Matsch stecken. Dann sei der Farmer vorbeigekommen. »Ich helfe euch nicht«, habe er dem Fahrer gesagt, »sag den Indianern, ich werde sie alle umbringen.«

»Wie wollt ihr euch das Land zurückerkämpfen?«, fragt Werner.

»Wir versammeln dreihundert bis vierhundert Krieger und sagen dem Farmer und seinem Anwalt: ›entschuldigt bitte, das ist unser Land. Ihr habt soundso viele Tage Zeit, es zu verlassen.‹«

»Und dann?«

»Manchmal verklagen sie uns, denn sie wollen das Land behalten. Sie erfinden viele Dinge, weil sie wissen, dass wir kein Geld haben. Aber wir haben Freunde und Verbündete. Wir haben uns schon sieben Farmen zurückgeholt. Und wir werden uns auch alle anderen erkämpfen.«

Die Farm Cristalina liegt auf einem Hügel nahe Aquidauana. Auf der Wiese um das Haus tollen ausgelassen Schweine herum, Hühner scharren zwischen den Bäumen. Wir stehen mit

Estevinho am Gatter und schauen über das weite Land. Auf der Wiese nähern sich ein paar Kälber.

»Wir haben es geschafft, diese Farm und dieses Land wiederzubekommen. Danke, dass ihr gekommen seid, um unser Leben und unsere Gemeinschaft kennenzulernen.«

Estevinho zeigt auf den Wald am Horizont und die Baumgruppen am Fuß des Hügels.

»Wir haben wieder Bäume gepflanzt, damit wir reine Luft und sauberes Wasser haben. Wir pflanzen Reis, Bohnen, Mais und Gemüse. Wir leben unsere indigene Tradition mit der Natur. Ihr habt mich gefragt, was für mich Nachhaltigkeit bedeutet? Das hier ist für uns die würdigste Form davon.«

Die Abendsonne färbt die Wiesen, die Bäume und den Wald golden. Wenn nicht gerade Vögel zwitschern, Hühner gackern, Kühe schnauben und Schweine grunzen, dann ist es für Momente so still, dass man nur den Wind hört, der im Gras und mit den Blättern spielt. Die Schatten der Abendwolken, die einander über den blauen Himmel jagen, machen die Landschaft zu einem immer neuen, fast unwirklich schönen Gemälde. Tukane fliegen vorbei. Mit ihren bunten, großen Schnäbeln sehen sie aus wie an den Himmel gezeichnete Comicfiguren. Das hier ist einer der schönsten und friedlichsten Flecken Erde, die ich jemals betreten habe. Ich würde gerne bleiben. Und als wir später mit Estevinho und seinen Leuten Essen, Bier, Spaß und Hoffnung teilen, da wird es plötzlich greifbar, das gute Leben in einer besseren Welt jenseits des Kapitalismus. Und das fühlt sich sehr, sehr gut an.

»Soll diese Freiheit, unter drohenden Missgeschicken zu wählen, unsere einzig mögliche Freiheit sein? Die verkehrte Welt bedeutet uns, die Wirklichkeit zu ertragen, anstatt sie zu verändern, die Vergangenheit zu vergessen, anstatt ihr zuzuhören, und die Zukunft hinzunehmen, anstatt sie uns vorzustellen. Doch es ist bekannt, dass es kein Unglück ohne Glück gibt, keine Seite, die nicht auch ihre Kehrseite hat, und keine Mutlosigkeit, die nicht den Mut sucht.«

Eduardo Galeano, *Die Füße nach oben*

VII. ALLES, WAS GERECHT IST!

Warum ein gutes Leben keine grüne Lüge ist

Nichts am grauen Morgen des 13. November 2017 deutet darauf hin, dass an diesem Tag die Klimagerechtigkeit einen Sieg davontragen wird.

Ganz im Gegenteil. An diesem Montag rauscht die Nachricht durch die Welt, dass 2017 die CO_2-Emissionen wieder gestiegen sind. Gleichzeitig veröffentlichen 15 000 Wissenschaftler eine gemeinsame »Warnung an die Menschheit«, weil die Zerstörung von Klima und Lebensgrundlagen dramatisch schlimmer geworden ist. Und in Bonn beginnt die zweite Halbzeit des 23. UN-Klimakonferenz. Dort müssen sich die Mächtigen zwei Jahre nach dem bejubelten »Wunder von Paris« der Tatsache stellen, dass die schönen Worte von 2015 nicht ausgereicht haben, um die Klimaerwärmung, wie damals beschlossen, unter zwei Grad zu halten.

Doch nur 150 Kilometer entfernt bahnt sich die Revolution ihren Weg. Sie trägt das Aktenzeichen Az. 5 U 15/17 OLG Hamm Lliuya./. RWE AG.

Am Mittag des 13. November sitzt Saúl Luciano Lliuya in Saal A 005/006 des Oberlandesgerichtes Hamm. Niemand vor ihm hat je einen so weiten Weg in diesen weiß getünchten Raum zurückgelegt: 10 522 Kilometer. Lliuya lebt in Peru, genauer: in der Andenstadt Huaraz 450 Kilometer nördlich von Lima, am Rand des Hochgebirges Cordillera Blanca. Lliuya ist dort Kleinbauer und Bergführer. Er ist von den Anden herab nach Nordrhein-Westfalen gekommen, um den Energieriesen RWE zu verklagen. Denn RWE ist der größte CO_2-Emittent Europas. Und die Menschen in Peru bekommen den Klimawandel bereits heftig zu spüren.

Lliuya berichtet, dass er ihm, dem Klimawandel, jedes Mal begegnet, wenn er Touristen in die 7 000 Meter hohen Berge seiner Heimat führt. Dort nämlich stößt er auf immer neue Bergseen, die durch Schmelzwasser entstanden sind, und tauende Schneefelder, die man nicht mehr zu Fuß überqueren kann. Die Gletscher ziehen sich stetig weiter zurück, die Gletscherseen hingegen wachsen und wachsen. Zum Beispiel die Lagune des Palcacocha-Gletschers, zwanzig Kilometer nördlich von Huaraz: auf 4 560 Metern Höhe stehen darin siebzehn Millionen Kubikmeter Wasser. Der See ist heute dreißig Mal so groß wie vor vierzig Jahren, und sein Volumen wächst rasant. Allein seit 2003 hat es sich vervierfacht. Dieses Wachstum kann Lliuya und 50 000 weiteren Bewohnern der Region zur tödlichen Gefahr werden: Noch weiter fortschreitende Gletscherschmelze, ein Erdrutsch, etwas zu viel Schnee und Eis, und die Lagune tritt über die Ufer und bringt den Damm zum Bersten. Eine bis zu dreißig Meter hohe Flutwelle könnte dann die Stadt verwüsten. Das haben Wissenschaftler der Universität Texas in Austin mithilfe einer Computersimulation belegt, nachdem sie den Zustand des

Sees vor Ort untersucht hatten. Vor dieser Katastrophe will Saúl Luciano Lliuya sich und seine Heimat schützen. Deshalb will er den Energiekonzern RWE vor Gericht zur Verantwortung ziehen.

RWEs dreißig fossile Kraftwerksblöcke stoßen in Deutschland knapp 250 Millionen Tonnen CO_2 aus: fünfmal mehr als ganz Peru mit Verkehr, Elektrizitäts- und Wärmeproduktion zusammen. Drei der fünf Braunkohlekraftwerke, die europaweit am meisten CO_2 ausstoßen, gehören dem Essener Konzern: Neurath, Niederaußem und Weisweiler.[176] Mit den Treibhausgasen aus diesen Braunkohleriesen ist alleine RWE für knapp ein halbes Prozent des globalen Klimawandels verantwortlich. Das haben Wissenschaftler für die Anklageschrift berechnet. Lliuya fordert deshalb, dass RWE entsprechend seinem Anteil am Klimawandel auch 0,47 Prozent der Summe bezahlt, die die peruanische Gemeinde in den Hochwasserschutz investieren muss: Das sind rund 17 000 Euro. Ein lächerlicher Betrag für RWE, den der Konzern mit einem Umsatz von 46 Milliarden Euro p.a. locker aus der Portokasse zahlen könnte. Und vermutlich sehr viel weniger Geld, als der Energieriese für den juristischen Beistand bezahlt, den ihm die Wirtschaftskanzlei Freshfields Bruckhaus Deringer LLP leistet (Einstiegsgehalt: 120 000 Euro pro Jahr). Aber um Geld geht es hier nicht in erster Linie. Sondern um eine simple Frage, die aber globale Dimensionen hat: Kann ein einzelner Emittent, ein einzelnes deutsches Unternehmen, für die Folgen des Klimawandels am anderen Ende der Welt haftbar gemacht werden?

Selbstverständlich. Sagt Lliuyas Anwältin Roda Verheyen. Die Umweltjuristin beruft sich auf das Verursacherprinzip, genauer: auf den Paragrafen 1004 aus dem Bürgerlichen Gesetzbuch. Der besagt, dass man Anspruch auf Reparatur oder Unterlassung hat, wenn das, was einem gehört, durch jemanden beeinträchtigt wird. In diesen Fall ist es das Haus des Peruaners, das weggeschwemmt würde, bräche der Damm am Gletschersee. »Dieses Recht ist allgemeingültig«, sagt Verheyen. »So kompliziert ist die Sache also gar nicht, denn mein Kläger sagt etwas sehr Einfaches: Die RWE AG nutzt ihr Eigentum, insbesondere Kohlekraftwerke, seit Jahrzehnten, um Einkommen zu generieren – und sein Eigentum wird dadurch beeinträchtigt.«

Selbstverständlich nicht. Sagen RWE und deren Anwälte. Es sei in Deutschland nicht verboten, Kohle zu verbrennen. Außerdem könne man nicht nachweisen, dass es die von RWE ausgestoßenen Moleküle sind, die zum Klimaschaden in Lliuyas Heimat beitragen. »Wir leben in Zeiten postfaktischer Natur. Das hier ist postjuristisch«, so das Argument von RWE. Das Landgericht Essen wies die Zivilklage nach der ersten Anhörung im November 2016 auch tatsächlich zurück.

Mit entsprechend breiter Brust betreten die Juristen von RWE und ihre Unternehmensanwälte also ein Jahr später den Gerichtssaal zum Berufungsverfahren. Das Oberlandesgericht hat dafür einen großen Sitzungssaal umfunktioniert: Saúl Luciano Lliuya hat mittlerweile eine große Fangemeinde in Deutschland. Der Saal ist bis auf den letzten Platz mit Kohlekraftgegnern, Umwelt- und Menschenrechtsaktivisten besetzt. In der ersten Reihe sitzt der renommierte Klimaforscher Mojib Latif. Der Vorsitzende des deutschen Klima-Konsortiums und Präsident des Club of Rome Deutschland ist ein Sachverständiger der Kläger: »Die Emissionen von RWE sind mit an Sicherheit grenzender Wahrscheinlichkeit klimawirksam geworden und lassen sich auch als Anteil der Temperaturerhöhung berechnen« – sein Fazit steht in den insgesamt 700 Seiten Schriftsätzen beider Seiten, durch die sich der 5. Zivilsenat die letzten Monate gearbeitet hat.

»Einige Passagen des Bürgerlichen Gesetzbuchs sind ja von nahezu prophetischer Weitsicht getragen«, sagt der Vorsitzende Richter Rolf Meyer zur Eröffnung des Berufungsverfahrens und zitiert Benno Mugdans *Gesammelte Materialien zum Bürgerlichen Gesetzbuch* von 1899:

»Vor Allem läßt sich eine gewisse Art der Hinüberwirkung nicht in bestimmte Grenzen bannen. Wir leben auf dem Grunde eines Luftmeeres. Dieser Umstand führt mit Nothwendigkeit eine Erstreckung der menschlichen Thätigkeit in die Ferne mit sich. Wenn aber die Erlaubtheit oder Unerlaubtheit einer solchen Immission bestimmt werden soll, so hat man nicht bloß das Verhältnis von Nachbar zu Nachbar zu berücksichtigen, vielmehr ist der Umfang des Rechtes des Eigenthümers gegen alle Personen festzusetzen.«

Das siegessichere Lächeln der RWE-Vertreter gefriert schlagartig, während sich die Gesichter auf Kläger-Seite und im Publikum aufhellen. Denn schnell wird deutlich, dass Meyer hier den Argumenten von Lliuyas Anwältin Verheyen folgt. Und ehe sichs die Herren Unternehmensanwälte versehen, fragt der Richter, ob die Beklagte dem Kläger ein Angebot machen wolle, etwa ohne Anerkennung der Schuld einen Beitrag zur Errichtung des Damms zu zahlen. Mechanisches Kopfschütteln. »Nein«, sagt ein RWE-Anwalt. Man sei immer noch der Auffassung, dass es hier prinzipiell keine Haftungsgrundlage gäbe. »Unsere Emissionen entstehen nicht aus sinistrer Absicht, sondern zur Daseinsvorsorge. Wir versorgen Deutschland mit sicherem Strom und sorgen damit für ein menschenwürdiges Leben. Dazu gehört auch Strom aus Kohleverbrennung, der Staat erlaubt das im

Gemeinwohlinteresse, also kann das nicht gleichzeitig Haftungsgrund sein. Unsere Emissionen sind nicht rechtswidrig.« Die Klage sei ein Verstoß gegen Artikel 20 Paragraf Absatz eins des Grundgesetzes. »Eine Verbindung zu Artikel 20 haben wir nirgends gefunden«, kontert Meyer, »dann wäre die Sache nämlich ziemlich geschmeidig. Dieses Verfahren hier wird überdimensional sein. Wenn die Rechtslage so einfach wäre, dann hätte eine Kanzlei von Ihrem Format nämlich nur zehn Seiten Schriftsätze gebraucht.«

Das Publikum johlt und applaudiert; es fühlt sich ja auch, als säße es in einem Theaterstück. Denn an diesem Tag und in diesem Gerichtssaal prallen Welten aufeinander. Die des reichen Nordens, der zu seinem Vorteil globale Ungerechtigkeit in Rechtsprechung gießt. Und die des globalen Südens, der sich diesem faktischen Unrecht nicht länger beugen will. Saúl Luciano Lliuya hat hier nicht nur dem Klimawandel ein Gesicht gegeben. Sondern auch der Externalisierungsgesellschaft, die über die Verhältnisse anderer lebt und diesen anderen die Folgen des nördlichen Wirtschaftens und seiner imperialen Lebensweise wie selbstverständlich aufbürdet: Es sei doch kein Zufall, sagt Richter Meyer, dass hier kein Kläger aus Bayern oder Baden-Württemberg oder einem reichen Land Europas hier sitze, sondern aus Peru. »Hier würden die Leute ja ganz selbstverständlich vor den Folgen geschützt, hier gäbe es mit Sicherheit eine stabilen Staudamm.«

Ganz nebenbei entlarvt Lliuyas Klage auch die Scheinheiligkeit des selbst ernannten Klimaschutzvorreiters Deutschland: Die Bundesregierung samt ihrer »Klimakanzlerin« und Schutzpatronin der heimischen Autoindustrie Angela Merkel erhebt einerseits den moralischen Zeigefinger gegen US-Präsident Donald Trump, weil sich der entschieden hat, aus dem Pariser Klimaschutzabkommen von 2015 auszusteigen. Andererseits hat Deutschland in den ersten drei Monaten des Jahres 2017 so viel CO_2 ausgestoßen, wie es im ganzen Jahr freisetzen dürfte, wenn 2020 das Pariser Klimaschutzabkommen in Kraft tritt:[177] Wir liegen auf Platz sechs der zehn Länder, die den größten Anteil am weltweiten CO_2-Ausstoß haben. Bis 2020 wird sich das kaum ändern: Seit 2009 sind die Emissionen der Bundesrepublik nämlich nicht nur nicht zurückgegangen, sondern sogar weiter angestiegen.[178] Denn die Regierung weigert sich, die Subventionen für fossile Kraftstoffe, zum Beispiel für Braunkohle, endgültig abzuschaffen. Deutschland fördert fossile Energieträger sogar mit bis zu zehn Milliarden Euro pro Jahr – und liegt damit nach den USA auf Platz fünf der Staaten, die am meisten Subventionen dafür ausgeben.[179]

»Was heißt das denn für uns alle, wenn das hier recht bekommt? Dann ist jeder zur Gefahrenbeseitigung verpflichtet, jeder Mensch und die gesamte deutsche Industrie. Es käme zu einer Klagewelle aller gegen alle«, bäumt sich der RWE-Anwalt noch einmal auf. Ein Jahr zuvor, im Landgericht Essen, hat er diese Rede noch mit einem schnippischen Seitenhieb auf Lliuya versehen: Es stoße ja auch jemand, der von Peru nach Deutschland fliege, CO_2 aus. Nun ist dieser Mann aber nach Essen und Hamm gekommen, weil er keine andere Möglichkeit sieht, sich vor den tödlichen Klimafolgen zu retten. Und so lautet die arrogante Botschaft dahinter: Da könnte ja jeder kommen!

Doch wenn man es so sehen möchte: Ja, na selbstverständlich, sollen sie alle kommen, die Anspruch auf Wiedergutmachung haben! Dann müssten wohl künftig alle großen Verschmutzer das Risiko solcher Entschädigungen in ihren Bilanzen berücksichtigen. Das würde ihren Wert drastisch senken. Käme es tatsächlich zu einer Klagewelle, dann würde das wohl, man wagt es sich kaum vorzustellen, dazu führen, dass Unternehmen ordnungspolitisch zur Verantwortung gezwungen würden. Oder dazu, dass der dringend notwendige Kohleausstieg endlich in Angriff genommen statt immer weiter in die ferne Zukunft verschoben wird.

Recht versus Gerechtigkeit

»Ihrer Auffassung nach sind die Emissionen einfach hinzunehmen? Wenn man diesen Gedanken zu Ende denkt, dann könnte niemand gegen irgendjemanden vorgehen. Demnach hätte mein Kläger keine Alternative, als zu warten, bis sein Haus weggeschwemmt wird«, sagt Roda Verheyen. Die Klage gegen RWE, die von der deutschen NGO Germanwatch unterstützt wird, ist nicht ihr erster Kampf gegen Giganten: Vor zwölf Jahren besiegte die damals 32-Jährige Shell vor dem Obersten Gerichtshof in Nigeria. Der Ölgigant wurde dazu verdonnert, das klima- und gesundheitsschädliche Abfackeln von Gas auf seinen Fördergebieten im Nigerdelta einzustellen.[180] Verheyen hat auch das internationale Climate Justice Programme mitbegründet.[181] Die Organisation versorgt Juristen mit stichhaltigen Argumenten und neuen Erkenntnissen aus der Klimaforschung, die diese in Klimaprozessen verwenden können.

»Dürfen wir die Leute dort wirklich alleine lassen und sagen, das geht uns nichts an? Wäre das gerecht?«, fragt Meyer. »Ja, das wäre es«, entfährt es einem RWE-Anwalt trotzig, »die Haftung eines einzelnen Unternehmens ist ungerecht und in höchstem Maße verfassungswidrig.«

So klingt das, wenn man sich nicht mehr hinter dem morali-schen Geschwätz, das PR-Profis in den Nachhaltigkeitsabteilungen zusammendichten, verstecken kann. Wenn es um Rechtsansprü-che einerseits geht und um Privilegien und Gewinne anderer-seits, dann sinkt die sogenannte »Unternehmensverantwortung« in sich zusammen wie eine Sandburg unter der Flutwelle.

Es ist eine historische Entscheidung, dass das Oberlandesgericht Hamm die Klage annimmt und der Beweisaufnahme zustimmt. Damit hat erstmals ein deutsches Gericht zu erkennen gegeben, dass große Emittenten verpflichtet sind, Betroffene von Klima-schäden in armen Ländern zu unterstützen. Natürlich haben Lliuya und Verheyen die Klage noch nicht gewonnen. Aber sie haben Rechtsgeschichte geschrieben. Oder, wie es der strahlende Saúl Luciano Lliuya nach der Verhandlung so schön in die Presse-mikrofone sagt: »Die Berge haben gewonnen. Die Lagunen sind die Tränen der Berge, und die Gerechtigkeit hat das gehört und hat uns recht gegeben.«

Die Arroganz bröckelt

»Meine Damen und Herren, RWE ist schon heute grüner, als viele denken …« Peter Terium hat den Satz noch nicht zu Ende gesprochen, da unterbrechen ihn Buhrufe aus dem Saal. Im April 2016 bin ich mit Werner Boote in Essen, wir drehen dort bei der Hauptaktionärsversammlung des Energiekonzerns für unseren Film *The Green Lie*. Denn RWE, der schmutzigste Energiekon-zern Europas, ist auch für sein Greenwashing berühmt. Etwa für seinen Werbespot mit dem grünen Riesen. Dafür wurde RWE für den EU Worst Lobbying Award nominiert.

In diesem Spot macht ein grasbewachsener, tapsig-freundlicher Gigant mit Bäumen auf der Schulter die schöne Trickfilmwelt zu den Klängen des englischen Kinderliedes »I Like the Flowers« noch schöner. Er stellt Windräder auf und pustet sie an, wirft Kohle aufs Förderband, verlegt Rollrasen über Kohlegruben und betankt Elektroautos mit fossilem Strom. Bum di-a-dah, bum di-a-dah, bum di-a-dah, bum di-a-dah: »Es kann so leicht sein, Großes zu bewirken. Wenn man ein Riese ist.«

Doch hier in der Essener Grugahalle schrumpft der grüne Riese im Handumdrehen zu einem kläglichen Zwerg zusammen. Terium, damals Vorstandsvorsitzender der RWE AG, wirft nervöse Blicke ins Publikum.

»Raus aus der Kohle!«, »Eure Zeit ist abgelaufen!«, skandieren viele in den Rängen. Immer mehr Zuschauer stehen auf und halten Protestplakate in die Höhe. Und ehe sichs die Herren Vorstände versehen, stürmen junge Frauen und Männer, die seriöse Kostüme und Anzüge tragen, durch den Saal und entern mit sportlichen Sprüngen die Bühne. Dort rollen sie Transparente aus. Es entsteht ein Tumult: Aktivisten und die überrumpelte Security verhaken sich zu einem Knäuel aus Anzugträgern; schließlich werden die Kohlegegner rabiat aus dem Saal gezerrt. Und auch wir werden mit dem Kamerateam hinauskomplimentiert. Später wird uns ein Saalschützer zuraunen, der uns auf Schritt und Tritt verfolgt: Man habe ja nicht damit rechnen können, dass diese Leute im Business-Outfit Aktivisten seien. Na so was, können sich die Protestler denn nicht gleich als solche an der Rezeption melden?!

Peter Terium betrachtet das Spektakel entgeistert. Lange Minuten ringt er um Fassung.

»So, das … das waren jetzt, glaube ich ein paar Spätaufsteher, die sind gerade wach geworden«, sagt er ins Mikrofon. Er lacht nervös und ringt sichtlich um Worte. Schweißperlen sammeln sich auf seiner Stirn. »Ich habe übrigens kein Problem mit solchen Kundgebungen«, setzt er hinzu, »ich hab ja auch Kinder im protestfähigen Alter. Nur sind die in der Schule oder auf der Arbeit am Tag.«

Niemand lacht. Die Arroganz, die RWE über Jahre an den Tag gelegt hat, hat längst angefangen zu bröckeln. Terium hat Grund genug, unruhig zu sein. Denn für ihn kommt die Aktion denkbar ungelegen. Er hat schlechte Nachrichten für die Aktionärinnen und Aktionäre: Sie müssen auf ihre Dividende verzichten. RWE hat 2015 einen Verlust von 200 Millionen Euro eingefahren. Während der fünf Jahren zuvor ist die Aktie um siebzig Prozent gefallen.

Ein hausgemachtes Problem: Statt sich auf die Energiewende vorzubereiten, hatte der Konzern jahrelang versucht, diese zu verhindern. Er ignorierte den Klimawandel. (Fritz Vahrenholt, Ex-Vorstandsvorsitzender der RWE-Tochter Innogy für Erneuerbare Energie, hatte sogar 2012 das klimawandelskeptische Buch *Die kalte Sonne. Warum die Klimakatastrophe nicht stattfindet* veröffentlicht.) Und genauso den Atomausstieg. Der frühere Vorstandvorsitzende Jürgen Großmann hatte die *Bild*-Zeitung regelmäßig mit Horrorschlagzeilen versorgt, dass mit Atomausstieg und Energiewende der »Blackout« oder die »Stromlücke« käme. In seiner Hybris war er davon überzeugt, dass die schwarz-gelbe Regierung, die sich 2009 abzeichnete, den Atomausstieg rückgängig machen würde und RWE daraufhin sein profitables Kerngeschäft unbehelligt fortsetzen könnte.[182] Zu diesem Zeitpunkt betrug der Anteil der erneuerbaren Energien bei RWE nur 2,6 Prozent; abzüglich der bereits abgeschriebenen Wasserkraftwerke sogar nur 0,4 Prozent.[183] Doch dann kam statt der »Stromlücke« der GAU von Fukushima. Und RWE fiel die Strategie, alles aussitzen zu wollen, auf die Füße. Denn während sich der Konzern der Energiewende verweigerte, haben andere sie längst ins Werk gesetzt: Bürgerwindparks, kleine Kooperativen, Privatleute und regionale Versorger steuern den größten Anteil zur Erneuerbaren Energie bei.

Mit der Anti-Kohle-Bewegung wächst auch der gesellschaftliche Widerstand gegen RWE. Mit Aktionen wie »Ende Gelände« besetzen Aktivisten, zum Beispiel in der Lausitz und im rheinischen Kohlerevier, immer wieder zu Tausenden Kohlegruben und legen sie vorübergehend lahm. Dabei wenden sie Strategien des zivilen Ungehorsams an, die sie bei den Blockaden der Castor-Transporte gelernt haben. Auch RWEs Tagebau Garzweiler haben sie blockiert. Dort klafft, wo einst sechzehn Dörfer standen, eine Grube doppelt so groß wie Manhattan. Seit Jahren kampieren Aktivisten im Hambacher Forst, den RWE immer weiter abholzen lässt, um seinen größten Tagebau noch weiter zu vergrößern. Sie leben in Baumhäusern und Zelten, um zu verhindern, dass dieser tausend Jahre alte Wald zerstört wird. Während des Klimagipfels in Bonn gelang es der Aktivistengruppe »Zucker im Tank« sogar, das RWE-Braunkohlekraftwerk Weisweiler zur Abschaltung von zwei Blöcken zu zwingen. Ihnen war es gelungen, die Kohlezufuhr abzuschneiden. Und der Kampf gegen die Kohle hierzulande geht Hand in Hand mit dem Widerstand gegen Ölförderung und Rohstoffabbau in der ganzen Welt.

Dschungel statt Öl

Yasuní ist ein Nationalpark, der sich im Amazonasgebiet auf einer Fläche so groß wie Zypern von Ecuador erstreckt. Er gilt als einer der Orte mit der größte Artenvielfalt der Welt: Auf einem einzigen Hektar wachsen dort mehr als 600 Arten von Bäumen und Büschen; mehr als in den USA und Kanada zusammen. Es gibt dort so viele Amphibien-, Säugetier-, Vogel- und Pflanzenarten wie nirgendwo sonst im Amazonasgebiet. Außerdem leben viele Indigene hier, auch die Tagaeri und die Taromenanen: Stämme, die die freiwillige Isolation suchen. Aber der Nationalpark birgt noch einen anderen Schatz. Einen, der sich in Dollar ausdrücken lässt. Unter der Erde wurde Ende der neunziger Jahre Öl entdeckt: 850 Millionen Barrel, fast ein Viertel des ecuadorianischen Ölvorkommens, mit einem Wert von bis zu 18 Milliarden Dollar. Viel Geld für das kleine Land, das unter dem Vorwand, damit die Armut im Land zu beseitigen, die Förderung des Öls beschloss. Doch 2007 überraschte die ecuadorianische Regierung die Welt mit einem ungewöhnlichen Vorschlag: Wäre die internationale Staatengemeinschaft bereit, einen Teil der entgangenen Einnahmen aus dem Ölgeschäft an Ecuador zu zahlen – nämlich 3,5 Milliarden Dollar –, dann würde man das Öl in Yasunís Erde lassen.

Die Initiative Yasuní ITT (benannt nach den Ölquellen Ishpingo, Tambococha und Tiputini) verfolgte vier Ziele: Sie wollte die von der UNESCO als weltweit einzigartig anerkannte Biodiversität bewahren und die dort lebenden indigenen Völker schützen. Sie wollte der Welt 410 Millionen Tonnen CO_2 ersparen, die durch die Ölförderung entstanden wären. Und nicht zuletzt wollte man die Post-Erdölzeit Ecuadors einleiten und vielen anderen erdölabhängigen Ländern des Südens ein Beispiel geben. Das alles für 3,5 Milliarden Dollar – es wäre ein Schnäppchen für die Welt gewesen. Es war ein Vorhaben, das mit der ubiquitären Kommerzialisierung von Natur, wie etwa dem Emissionshandel oder dem mit Biodiversitätszertifikaten, nichts zu tun gehabt hätte. Hier wäre es, ganz im Gegenteil, darum gegangen, ökologische Schulden zu begleichen statt Natur zu vernichten und das Klima weiter zu belasten.

Die Vereinten Nationen stellten sich der Herausforderung. Sie richteten einen Treuhandfonds ein, in den Staaten, Stiftungen und Privatpersonen einzahlen sollten. Zwar taten die USA, Russland und China das nicht. Australien aber, Kolumbien und Peru sowie Spanien und die belgischen Wallonen zahlten (teils symbolische Beiträge); Chile, Kanada, Kalifornien, die Türkei und die Schweiz kündigten Unterstützung an; Italien erließ Ecuador Schulden. Den größten Beitrag stellte die deutsche Bundesregierung in Aussicht: Sie wollte jährlich vierzig Millionen Euro beisteuern.

Doch dann: Auftritt Dirk Niebel (FDP). Gerade frisch im Amt des Entwicklungsministers, ließ er den Deal 2010 platzen. Begründung: Das Projekt habe keinen Nutzen für die deutsche Wirtschaft. Niebel versetzte der ecuadorianischen Initiative den Todesstoß. In einem Gastbeitrag für die *taz* erklärte er: »Ein großer Teil der Ressourcenvorkommen lagert in Entwicklungs- und Schwellenländern. Deshalb schaffe ich ganz bewusst keinen Präzedenzfall, der in immer neue Forderungen mündet, finanzielle Mittel zum Unterlassen von Umweltschädigungen bereitzustellen – genauso, wie ich nicht einen Fonds als Belohnung dafür einrichte, dass vor Somalia keine Schiffe mit Lebensmitteln mehr von Piraten überfallen werden.«[184] Heute arbeitet Niebel für die Waffenindustrie.

2013 erklärte Präsident Rafael Correa das Projekt für gescheitert. Trotz massiven Protests von Indigenen und Umweltschützern wird seit 2015 im Yasuní-Nationalpark Öl gefördert. Ölfirmen haben Förderlizenzen für fast zwei Drittel des Nationalparks.

Die Menge Öl übrigens, für deren Förderung ein über Jahrtausende gewachsenes Ökosystem vernichtet wird, deckt den weltweiten Verbrauch nicht einmal zehn Tage. Nicht einmal volle zehn Tage – dafür aber mit den gewohnten Formel-1-Rennen, Plastikverpackungen für die Weltmeere, Treibstoff für Militäreinsätze und mit frischen James-Blunt-CDs.[185]

Alberto Acosta, Professor für Ökonomie an der Universität der ecuadorianischen Hauptstadt Quito, nennt die Yasuní-ITT-Initiative trotz des Scheiterns erfolgreich. Acosta war Bergbauminister in der Regierung Correa und hatte 2005 dem Präsidenten die Initiative vorgeschlagen.

»Die Yasuní-ITT-Initiative geht auf keinen Ideengeber zurück. Sie hat keinen Eigentümer, sondern wurde Schritt für Schritt in der Zivilgesellschaft entwickelt. Der Vorschlag entstand in den Köpfen derjenigen, die im Amazonasgebiet die Verwüstungen durch die Ölförderung erlitten hatten«, sagt er. Die Idee existierte bereits vor der Präsidentschaft Rafael Correas, der sie gegen den Widerstand des staatlichen Ölkonzerns Petroecuador vorübergehend auf seine Agenda setzte. Acosta wirft Correa vor, er habe die Initiative allein davon abhängig gemacht, dass sich Staaten finanziell beteiligten, habe aber nicht untersucht, ob man sie auch ohne internationale Unterstützung hätte umsetzen können. Und trotzdem: »Die Initiative hat wichtige Ergebnisse gezeigt. Sie hat dafür gesorgt, dass das Problem der Rohstoffausbeutung in der ecuadorianischen und internationalen Öffentlichkeit wahrgenommen wurde. Sie hat einen konkreten Vorschlag gemacht, wie in Anbetracht der immer lauter werdenden Forderungen nach einer Verringerung der CO_2-Emissionen die Förderung fossiler Brennstoffe gestoppt werden kann«, sagt Acosta.[186]

Die Internationale Energieagentur (die nun weiß Gott nicht ökoverdächtig ist), hat berechnet, dass zwei Drittel der fossilen Brennstoffe im Boden bleiben müssten, wenn wir vermeiden wollen, dass die Temperatur auf der Erde nicht um mehr als zusätzliche zwei Grad steigt. Nicht zuletzt deshalb hat sich diese Idee aus dem Dschungel in alle Welt verbreitet und Nachahmer gefunden. Aus der Yasuní-ITT-Initiative ist eine globale Bewegung geworden, die dafür kämpft, dass Öl und andere fossile Rohstoffe nicht gefördert werden. »Es gibt ja sogar den Begriff der ›Yasunisierung‹«, sagt Acosta. »Wo? Zum Beispiel im Niger-Delta, auf den norwegischen Lofoten, auf San Andrés y Providencia in Kolumbien oder auf der Kanarischen Insel Lanzarote. Überall dort wurde das Öl im Boden gelassen. Und auch die Anstrengungen, Fracking in den USA, Mexiko, Argentinien, Kolumbien, in Frankreich und an anderen Orte Europas zu verhindern, gehen in eine ähnliche Richtung. Sie bereiten dem Abschied von den fossilen Brennstoffen, deren biophysische Grenzen absehbar sind, den Weg. In diesem Sinne lautet die Herausforderung: Schafft zwei, drei … viele Yasunís!«

Aber es gibt auch eine Erfolgsgeschichte aus dem Amazonas in Ecuador, den die Erdölfirmen praktisch unter sich aufgeteilt haben. Sie spielt in Sarayaku, einer indigenen Kichwa-Gemeinde in der Provinz Pastaza am Bobonaza-Fluss im Amazonasbecken rund zweihundert Kilometer südöstlich des Nationalparks

Yasuní. 1200 Menschen leben hier in fünf Dörfern im Primärregenwald, der in ihrer Sprache Kawsak Sacha heißt: lebendiger Wald. Auch unter ihrem Boden liegt Erdöl. Deshalb hatte die ecuadorianische Regierung das Gebiet der Kichwa in zwei Konzessionen für den italienischen Erdölkonzern Agip und die argentinischen Compañía General de Combustibles (CGC) unterteilt. Seit den achtziger Jahren jedoch kämpfen die Indigenen hartnäckig und solidarisch gegen die Erdölfirmen und die Regierung. Und sie konnten bis heute verhindern, dass auch nur ein Tropfen Öl aus ihrem Wald gefördert wurde. Nach ihrer Klage bei der Kommission für Menschenrechte gegen den Konzern CGC stellte das ecuadorianische Verfassungsgericht 1998 fest, dass die Erdölförderung gegen die international anerkannten Rechte der indigenen Völker verstößt. Weil sich aber Erdölfirmen immer wieder darüber hinwegsetzten und versuchten, an das Öl zu kommen, verklagten die Kichwa den ecuadorianischen Staat. Nach einem zehnjährigen Rechtsstreit verurteilte der Interamerikanische Gerichtshof für Menschenrechte den ecuadorianischen Staat wegen Missachtung der Rechte traditioneller Völker zu einer Entschädigungszahlung an die Kichwa: immerhin 1,2 Millionen Dollar.

Von dem Geld erwarben die Bewohner von Sarayaku drei kleine Charterflugzeuge. Sie verbinden vierhundert Dschungeldörfer und die nächstgrößere Stadt Puyo. Mit ihnen werden medizinische Notfälle, etwa Opfer von Schlangenbissen, ins Krankenhaus geflogen. Außerdem gründeten die Kichwa eine solidarische Gemeinschaftsbank. Die Menschen in Sarayaku bezeichnen sich selbst als reich. Dieser Reichtum drückt sich für sie aber nicht in Geld und Privatbesitz aus. Sicher, sie besitzen – welches Urwaldvolk kann das von sich sagen? – mit Aerosarayaku eine eigene Airline, sie haben Solarstrom, Wasserklos, Bücher, westliche Kleidung, Laptops, ein satellitengestütztes Internetcafé und eine eigene Homepage. In den sieben Schulen lernen Kinder und Jugendliche mehrere Sprachen, besuchen Fotokurse und Computerklassen. Es gibt sogar, in Zusammenarbeit mit der ecuadorianischen Universität Cuenca und der spanischen Universität Lleida, ein Hochschulprogramm. All das aber nicht, weil irgendwelche reichen Stiftungen oder ausländische sogenannte Entwicklungshelfer es so wollen. Sondern die Kichwa bestimmen selbst und gemeinsam darüber, welche technischen Errungenschaften für ihre Gemeinde nützlich sind und wie diese ihre indigenen Traditionen ergänzen. Ihr eigener Entwicklungsplan, der Plan de Vida (Plan des Lebens) hat mit der westlichen Vorstellung von »Entwicklung« überhaupt nichts zu tun. Diese »Entwicklung«, der da geholfen werden soll, beschränkt sich in aller Regel auf Wirtschaftswachstum und betrachtet die Natur als Produktionsstätte materieller Ressourcen, an denen sich der Mensch exzessiv und rücksichtslos bedienen darf.

Der Plan de la Vida der Kichwa hingegen sieht anders aus. Er basiert auf drei Säulen: der »fruchtbaren Erde«, dem »gesellschaftlichen Leben« und den »Weisheiten des Regenwaldes«. »Der Schutz der heiligen Gebiete des Regenwaldes sichert uns eine gesunde Umwelt, eine produktive Erde und damit Ernährungssouveränität. Wenn diese drei Prinzipien weiterhin gesichert sind, sind wir, ohne monetären Werten anzuhängen, reich.« Das schreibt die Gemeide Sarayaku in ihrer *Erklärung des lebenden Waldes*.

In Sarayaku ist auch die Idee des Buen Vivir entstanden, des harmonischen Zusammenlebens von Menschen in der Gemeinschaft und mit der Natur. Die Kichua nennen es »Sumak Kawsay«.

Dieses Recht auf ein gutes Leben, zu dem auch die Rechte der Natur gehören, ist heute sowohl in der ecuadorianischen als auch in der bolivianischen Verfassung verankert.

Wie dieses umgesetzt wird, ist eine andere Frage – eine, die uns alle betrifft und auf die wir eine gemeinsame Antwort finden müssen: Wie sieht eine Welt aus, in der, wie es in Lateinamerika oft heißt, »alle Welten Platz finden« und in der die soziale und ökologische Gerechtigkeit garantiert ist?

So ist Sarayaku auch ein Versuchsfeld für globale Gerechtigkeit: Die Ideen, die aus diesem kleinen widerständigen und selbstbestimmten Dschungeldorf kommen, können die Welt verändern.

Man kann die Wortverdreher, die angepassten Intellektuellen und die Berufszyniker schon nölen hören, nicht wahr? *Ja, wie jetzt? Sollen wir vielleicht alle im Dschungel leben?*

Regenwald ist überall

»Sumak Kawsay oder das gute Leben ist keine romantische Vorstellung von uns. Es ist ein klarer, innovativer Vorschlag für alle, wie ein Leben in Harmonie in Zukunft erreicht wird«, sagt Felix Santi. Er ist Präsident der Kichwa-Gemeinde Sarayaku. Sein Gesicht ist bemalt, er trägt ein Stirnband aus bunten Perlen, über seinem weißen Hemd hängt traditioneller indigener Schmuck. Er steht an einem hölzernen Pult auf der Bühne; hinter ihm leuchtet ein Bild auf der großen Leinwand. Es zeigt die Köpfe zweier Männer von hinten: Der eine trägt Federschmuck. Der andere einen Filzhut mit Gamsbart. Sie zieren das Plakat dieses Buen-Vivir-Kongresses, zu dem die Stadt München im Juni 2017 eingeladen hat. Zwei Tage lang treffen sich dort Menschen aus dem globalen Norden und Süden, um sich darüber auszutauschen, wie das gute Zusammenleben in dieser einen, gemeinsamen Welt gelingen kann.

Neben Felix Santi ist auch Esperanza Martìnez nach Bayern gekommen. Sie ist Anwältin, Biologin und Präsidentin der ecuadorianischen Organisation Acción Ecológica, die Teil der Yasuní-ITT-Initiative ist. Der Politikprofessor Ulrich Brand und der Soziologieprofessor Stephan Lessenich sind zu Gast, wie auch der Ökonom Alberto Acosta, der als Bergbauminister von Ecuador entscheidend dafür gesorgt hat, das Buen Vivir 2008 in der ecuadorianischen Verfassung zu verankern.

»Es gibt viele Formen des guten Lebens, nicht eine einzige und homogene, die wir als Muster heranziehen könnten«, sagt Acosta. »Die Aufgabe besteht darin, für jede Wirklichkeit und jedes Territorium ein eigenes gutes Leben zu schaffen, das allerdings von gemeinsamen Grundprinzipien ausgeht: von Harmonie und Gleichberechtigung zwischen den Menschen und mit der Natur.«[187]

Klar: Dafür gibt es keinen Reißbrettplan, und es gibt auch niemanden, der eines Tages als ein grüner Messias kommen wird und »die Lösung« parat hat.

Es sind die Eliten, die gern behaupten, solche »Lösungen« zu kennen: Es sind aber immer nur die fatalen Ideen vom grünen Wachstum, vom Freihandel, von der freiwilligen Verantwortung von Unternehmen, von autoritärer, räuberischer Entwicklungshilfe, von einer hoch industrialisierten Landwirtschaft. Aber all diese Ideen schützen lediglich Privatbesitz und Privilegien auf Kosten anderer.

Alle aber, die es wohlmeinen mit der Welt, dürfen sich nicht zu Komplizen machen lassen. Wir müssen uns aus der Ohnmacht befreien, die viele von uns ob des Weltenwahnsinns verspüren. Den grünen Lügen von Wachstum, Wohlstand und Weltrettung können wir nur gemeinsam, im globalen Kollektiv entgegentreten. Als Erstes müssen wir damit aufhören, diese grünen Lügen zu glauben. Es sind ja nicht einzelne »böse« Konzerne (»schwarze Schafe«), die diese verbreiten. Grüne Lügen gehören zum System. Sie sollen die Hoffnung nähren, dass sich zerstörerische Unternehmen zum Guten wenden. Aber Unternehmen sind keine Personen mit Gewissen, die aus Erkenntnis heraus und nach ethischen Prinzipien handeln. Sie sind Konzentrationen von Macht. Nur wir können diese Macht brechen. Dazu müssen wir eine Utopie des guten Lebens entwickeln und dieses politisch gegen die Privilegien weniger durchsetzen. Gerechte Veränderungen kommen niemals von den Mächtigen, sondern immer von unten, von den Rändern der Gesellschaft und aus den Peripherien in den Ländern des Südens.

»Wenn alle Wesen auf dem Planeten ein würdiges Leben führen sollen und ein harmonisches Gleichgewicht zwischen allen herrschen soll, dann müssen wir die Überwindung des Kapitalismus ernsthaft anstreben«, sagt Acosta. »Dazu müssen wir jedoch emanzipatorische Alternativen *innerhalb* des Kapitalismus entwickeln, die dann als Grundlage seiner Überwindung dienen können.« Und längst gibt es sie ja, diese »planetarische Zivilgesellschaft«, wie Jean Ziegler sie nennt, die Ideen für eine positive Globalisierung jenseits von Wachstum, Kapitalakkumulation und Ausbeutung von Mensch und Natur entwickelt.

Wir alle sollten uns daran beteiligen. Denn es geht ums Ganze: die Verteidigung unseres Lebens und unserer gemeinsamen Lebensgrundlagen gegen die Ausbeuter, gegen die Profiteure. Die Naturzerstörung macht ja nicht vor unserer Haustür halt – auch wenn uns das riesige, scheinbar nie versiegende Angebot an Waren in den Kaufhäusern und Supermärkten in einer zweifelhaften Sicherheit wiegt. Auch in Europa sind bereits 17 Prozent der landwirtschaftlichen Böden durch intensive Nutzung und Düngung irreparabel zerstört oder degradiert. Auch hier nimmt die Biodiversität mit wachsenden Monokulturen und steigendem Dünger- und Pestizideinsatz ab:[188] Ein Drittel aller Vögel unserer Agrarlandschaft steht bereits auf der Roten Liste der bedrohten Tierarten, weil die Pflanzenschutzmittel Wildkräuter und Insekten vernichten. Drei Viertel der Insekten sind bereis verschwunden. Auch bei uns ist das Grundwasser in Gefahr, weil die Gülle aus Massenställen den Nitratgehalt besorgniserregend erhöht. Auch bei uns macht Feinstaub aus Autoabgasen und Kohletagebauen die Menschen krank und bringt sie um: Zehntausende sterben jedes Jahr an den direkten und indirekten Folgen der Feinstaubemissionen. Auch uns werden die Folgen des Klimawandels mit aller Wucht treffen oder haben es bereits getan: mit Überschwemmungen, Ernteverlusten, Dürren und Waldbränden. Auch bei uns wächst die soziale Ungleichheit rasant. Und auch bei uns raubt uns der Privatisierungswahn unsere Gemeingüter und führt sie dem Profit weniger zu.

Dagegen kann »der Einzelne« nichts tun? Was für ein Unsinn! Gewiss, nicht jeder ist so mutig wie Saúl Luciano Lliuya, der RWE verklagt. Nicht jeder kann im Baumhaus wohnen und damit den Wald vor der Säge schützen. Nicht jeder kann durch die Welt reisen und Missstände aufdecken oder Studien über Klimaschäden erstellen. Nicht jeder hat so tolle Ideen wie die Regenwaldkämpfer in Ecuador und anderswo auf der Welt. Aber wir haben uns.

Jeder gemeinsame Widerstand gegen Massenmastanlagen und die industrialisierte Landwirtschaft, jede Bürgerinitiative gegen die Privatisierung von Wasser und öffentlicher Daseinsvorsorge, jeder Kampf für eine autofreie Innenstadt, jede Energieversorgung in Bürgerhand, jede Besetzung eines Kohletagebaus, jede Demonstration gegen das Herrschaftsprojekt Freihandel, jeder Streik derer, deren gesellschaftsrelevante Arbeit ausgebeutet wird, jeder Gewerkschafter, der sich dem globalen Kampf für soziale *und* ökologische Gerechtigkeit anschließt, jede Unterschrift gegen eine ausbeuterische und rassistische Entwicklungshilfe, jeder Protest gegen neue Startbahnen und Hafenerweiterungen, jeder Versuch, Megafusionen (wie die von Bayer und Monsanto) zu verhindern, die unser Essen dem Diktat von Großkonzernen unterwerfen, hilft, die gesellschaftlichen Machtverhältnisse aufzubrechen und dem Ziel globaler Gerechtigkeit ein Stück näher zu kommen.

Ob Proteste und Initiativen nun (sofort) erfolgreich sind oder nicht: Sie bringen Menschen zusammen, sie schaffen Solidarität und Mut und die Möglichkeit, voneinander zu lernen, Wissen und Bewusstsein zu schaffen und aus den Rückschlägen neue Strategien zu entwickeln. Der große, europaweite Protest gegen TTIP und CETA hat sich von der Chlorhühnchen-Panik zu einer gesellschaftlichen Bildungsbewegung entwickelt und viele Menschen dazu gebracht, sich mit so einem komplizierten Thema wie dem Freihandel zu beschäftigen, dessen Zerstörungskraft zu begreifen und abzulehnen. Ohne den hartnäckigen und Jahrzehnte andauernden Widerstand gegen Atomkraft gäbe es heute in Deutschland keine Energiewende und statt 25 satte 80 Atomkraftwerke. Diese Erfahrungen und Strategien werden in der Bewegung gegen Kohlekraft weitergeführt. Ohne das stetige Sammeln und Austauschen von Wissen gäbe es heute keine Bewegung, die sich dafür einsetzt, dass der Ökozid – also die umfassende Zerstörung von Ökosystemen und Lebensgrundlagen, die unmittelbar oder langfristig tödlich oder lebensbedrohlich sind – als internationales Verbrechen anerkannt wird. 1996 scheiterten die Vereinten Nationen am Widerstand der wirtschaftsmächtigen Länder damit, den Ökozid neben dem Genozid als Völkerrechtsverbrechen anzuerkennen. Heute gibt es eine Europäische Bürgerinitiative, die dafür kämpft.[189] Die Anerkennung der Rechte der Natur durch die bolivianische und ecuadorianische Verfassung hat zu einer ernsthaften wissenschaftlichen Debatte geführt, wie die Natur als Rechtssubjekt juristisch anerkannt werden kann.

Und es wäre nicht möglich, dass Saúl Luciano Lliuya vor Gericht gegen RWE und Saeeda Khaton, Abdul Aziz Khan Yousuf Zai, Muhammad Jabbir und Muhammad Hanif gegen KiK kämpfen, gäbe es kein wachsendes Bewusstsein dafür, wie ungerecht diese Rechte verteilt sind.

Im November 2017 hat der politische Theaterregisseur Milo Rau mit seiner General Assembly eine Utopie drei Tage auf der Schaubühne Berlin Wirklichkeit werden lassen: 70 Abgeordnete aus aller Welt, die Lobbylosen, die Unterrepräsentierten – oder, wie Rau sie nennt: der dritte Stand – die ansonsten die Folgen der bundesrepublikanischen Politik schlicht zu ertragen haben, versammelten sich in einem fiktiven Weltparlament, um ihr Anliegen vorzutragen und in eine Charta des 21. Jahrhunderts fließen zu lassen. Arbeitsmigranten, Kriegsopfer, Textil- und Minenarbeiter, verfolgte Gewerkschafter, Kleinbauern, Wirtschafts- und Klimaflüchtlinge, Opfer des sich anbahnenden Ökozids sowie Vertreter der Weltmeere, der Atmosphäre, der Tiere. Dass ich als eine der Abgeordneten zusammen mit so vielen Kämpfern aus aller Welt (darunter auch unser Filmprotagonist Feri Irawan aus Indonesien), in einem Parlament sitzen und an dieser wunderbaren Utopie globaler Gerechtigkeit teilnehmen und an ihr mitarbeiten durfte, hat mir und vielen anderen Mut und Hoffnung gemacht. Jede Graswurzelinitiative, in der gerechte und übertragbare Alternativen zu den herrschenden Konsum-, Produktions- und Alltagsmustern entwickelt werden, hilft, praktische Erfahrungen zu sammeln und sich vom herrschenden System zu emanzipieren: nur zum Beispiel die Solidarische Landwirtschaft, in der Bürger und Bauern gemeinsam bestimmen, was zu welchen Bedingungen angebaut und zu welchen Preisen weitergegeben wird. Damit befreien sich Bauern wie Bürger vom Diktat der Lebensmittelkonzerne und Supermarktketten und eignen sich Essen und Natur als Gemeingut wieder an. In den krisengeschüttelten Ländern Griechenland und Spanien ist die Solidarische Landwirtschaft keine Nische mehr, sondern versorgt Hunderttausende Menschen. Sie ist die praktische Umsetzung der Ernährungsunabhängigkeit, für die auch Kleinbauernbewegungen des Südens kämpfen. Ohne eine derart veränderte Landwirtschaft im Norden ist sie auch im Süden nicht möglich.

Es gibt eine ganze Menge solcher emanzipatorischer Initiativen auf der Welt. Und mit jeder neuen Recherche, mit jedem Buch und mit unserem Film *The Green Lie* lerne ich solche Initiativen kennen. Trotz aller Zerstörung und allem Unglück, das ich dabei erlebe, begegne ich so immer mehr Menschen, die mit ihrem Kampf um Gerechtigkeit Mut und Hoffnung geben. Wir können uns ihnen anschließen, jederzeit. Auf uns wartet ja nicht weniger als das globale Glück.

Ich habe großes Glück, dass ich so vielen Menschen Danke sagen darf:

Werner Boote dafür, dass ich bei seinem Film *The Green Lie* mitmachen und eine ganz neue Welt kennenlernen durfte.

Der e&a Film Wien, insbesondere Markus Pauser, Robert Sattler, Sandra Hirscher, Gabi Kodym und Elise Lein für die Verwirklichung unseres Projekts und dafür, dass mir Wien ein zweites Zuhause geworden ist.

Dominik Spritzendorfer und Mario Hötschl für die schönen Bilder, Andreas Hamza und Atanans Tcholakov für den schönen Klang und sowieso für die tolle Zeit unterwegs, Gernot Grassl für seine großartige Arbeit im Schnitt, Florian Brandt fürs Unmögliche-möglich-machen, Daniela Kretschy und Thomas Köttner für Unterstützung bei der Recherche.

Unseren wunderbaren Protagonisten für Mut, Hoffnung und dafür, dass sie die Welt jeden Tag besser machen: Feri Irawan, Noam Chomsky, Raj Patel, Scott Porter, Sônia Bone Guajajara, Lindomar Terena, Estevinho Floriano Teragao Terena und seiner Familie und Jucinei Terena

Meinem Lektor Edgar Bracht für die, wie immer, großartige Zusammenarbeit und sowieso dem ganzen Blessing Verlag, besonders Holger Kuntze, Elisabeth Bayer, Doris Schuck und Katrin Sorko, sowie Michael Gaeb und Andrea Vogel von der Literarischen Agentur Michael Gaeb für ihr großes Engagement.

Cinara Dinaz (Brasilien), Ian Cotita und Will Wheeler (Louisiana), Ali Hopson und Funmi Ogunro (Austin) und Alexander Warjabedian (New York) sowie Inge Altemeier (Indonesien) für die viele tolle Arbeit und die schöne Zeit vor Ort.

Für die vielen anregenden Gespräche, Antworten auf tausend Fragen und Unterstützung bei meinen Recherchen und überhaupt: Ulrich Brand, Stephan Lessenich, Alberto Acosta, Oliver Pye, Michael Reckordt (Powershift), Inge Altemeier, Markus Dufner (Kritische Aktionäre), Marianne Klute und Christiane Zander (Rettet den Regenwald), Siti Umi Kalsum, Benjamin Luig (Rosa-Luxemburg-Stiftung), Jutta Kill, Sergio Schlesinger, Maik Pflaum (Christliche Initiative Romero), Thomas Gebauer, Anne Jung und Thomas Seibert (Medico International), Christoph Bals (Germanwatch), Milo Rau (Institute for Politcal Murder), Kirsten Brodde, Alexandra Perschau und Jörg Fedder (Greenpeace).

Meiner wunderbaren Familie und dem besten Ehemann der Welt – für alles und das schöne Leben.

Anmerkungen

I. DES KAISERS GRÜNE KLEIDER

1 Marina Weisband, »Keine Macht der Lüge«, *Die Zeit,* 05/2017; http://www.zeit.de/2017/05/alternative-fakten-luegen-donald-trump-regierung-methode

2 Zitiert nach Yanis Varouvakis, *Die ganze Geschichte*, München 2017

3 Bloomberg-Video auf Youtube: https://www.youtube.com/watch?v=5lutHF5HhVA

4 https://www.nespresso.com/positive/de/de#!/Nachhaltigkeit

5 https://www.rheinmetall.com/de/rheinmetall_ag/corporate_social_responsibility/oekologie/index.php

6 http://www.kraussmaffeigroup.com/de/nachhaltigkeit-und-verantwortung.html

7 Nespresso-Spot mit George Clooney auf Youtube: https://www.youtube.com/watch?v=-ZwA5xnwLxo

8 Zum Fall Luciano Romero beim European Center for Constitunional and Human Rights (ECCHR): https://www.ecchr.eu/de/unsere-themen/wirtschaft-und-menschenrechte/nestle.html

9 Simona Foltýn, »Kaffee aus dem Südsudan«, Deutsche Welle, 12. Januar 2016; http://www.dw.com/de/kaffee-aus-dem-s%C3%BCdsudan/a-18972894

10 Stephan Lessenich, *Neben uns die Sintflut. Die Externalisierungsgesellschaft und ihr Preis*, Berlin 2016

11 Stephan Lessenich, »Geländewagen sind Unheilsboten«, *FAZ,* 10. Juni 2017

II. NACHHALTIGE KATASTROPHE

12 Quote oft the day, Economist-Blog »Democracy in America«, 15. April 2010; http://www.economist.com/blogs/democracyinamerica/2010/04/sarah_palin

13 Gulf of Mexico: Environmental Recovery and Restoration, BP Five Year Report, März 2015, Retirement http://www.bp.com/content/dam/bp-country/en_us/PDF/GOM/BP_Gulf_Five_Year_Report.pdf

14 Scott A. Porter et al., Oil in the Gulf of Mexico after the capping of the BP/*Deepwater Horizon* Mississippi Canyon (MC-252) well, 16. April 2015; https://www.ncbi.nlm.nih.gov/pmc/articles/PMC4515244/

15 Das Video hat Scott Porter im Internet veröffentlicht: https://www.
    youtube.com/watch?v=fJbts00XsWY

16 http://www.bp.com/content/dam/bp/pdf/sustainability/group-reports/
    bp_sustainability_review_2009.pdf

17 Darcy Frey, »How Green is BP?«, *New York Times,* 8. Dezember
    2002; http://www.nytimes.com/2002/12/08/magazine/how-green-
    is-bp.html

18 https://www.greenpeace.de/teersand-kanada

19 Kathy Mulvey, Steh Shulman, Union of concerned scientists (Hrsg.),
    *The climate deception dossiers. International fussil fuels industry
    memeons reveal decades of corporate disinformation,* Juli 2015;
    http://www.ucsusa.org/sites/default/files/attach/2015/07/The-Climate-
    Deception-Dossiers.pdf S. 25ff

20 Toralf Staud, »Klarsicht dank Ölteppeich«, *taz,* 24. Mai 2010;
    http://www.taz.de/!5142233/

21 Jerry Mander, »Ecopornography: One Year and Nearly a Billion
    Dollars Later, Advertising Owns Ecology« *Communication and Arts
    Magazine,* Vol. 14, No. 2, 1972

22 *Deepwater – the gulf spill desaster and the future of Offshore Drilling.
    Report to the President,* Januar 2011 https://www.gpo.gov/fdsys/
    pkg/GPO-OILCOMMISSION/pdf/GPO-OILCOMMISSION.pdf

23 Von einem »gigantischen Feldversuch« spricht rückblickend Ron
    Tjeerdema, einer der renommiertesten Toxikologen Amerikas und Chef
    des Instituts für Umwelttoxikologie an der Universität von Kalifornien.
    Martin Klingst, »Wo ist das Gift geblieben?«, *Die Zeit,* 14. April 2011
    http://www.zeit.de/2011/16/Oelpest-Deepwater-Horizon/komplettansicht
    »Die Mischung hat eine chemische Toxizität, die auf viele Weise
    schlimmer ist als das Öl«, warnte Meeresbiologe und NOAA-Berater
    Richard Charter. Er nannte die Methode ein »gigantisches Experiment«.
    Marc Pitzke, »Mit Gift gegen Gift«, *Spiegel Online,* 7. Mai 2010;
    http://www.spiegel.de/wissenschaft/natur/us-oelkatastrophe-mit-gift-
    gegen-gift-a-693566.html

24 »BP boss Tony Hayward's gaffes«, BBC, 20. Juni 2010, http://www.
    bbc.com/news/10360084

25 Mark Heertsgaard, »Giftige Kosmetik«, *Die Zeit* 17/2013; http://www.
    zeit.de/2013/17/bp-oelkatastrophe-golf-von-mexiko-corexit/
    komplettansicht#umweltfolgen-oelpest-dezember-4-tab

26 http://www.noaanews.noaa.gov/stories2010/20100804_oil.html

27 Jörg Feddern, *Auf Spurensuche: Ein Jahr nach Deepwater Horizon*, Tagebuch, April 011; http://www.greenpeace.de/sites/www.greenpeace.de/files/Auf_Spurensuche_-_ein_Jahr_nach_Deepwater_Horizon_0.pdf

28 Roberto Rico Martinez et.al., »Synergistic toxicity of Macondo crude oil and dispersant Corexit 9500A$^{\circledR}$ to the *Brachionus plicatilis* species complex (Rotifera)«, *Environmental Pollution,* Vol. 173, Februar 2013 http://www.sciencedirect.com/science/article/pii/S0269749 112004344

29 Sara Kleindienst et. al., »Chemical dispersants can suppress the activity of natural oil-degrading microorganisms«, 25. September 2015; http://www.pnas.org/content/112/48/14900.abstract

30 David L. Valentine et. al.; »Fallout plume of submerged oil from Deepwater Horizon«, 26. September 2014; http://www.pnas.org/content/111/45/15906.abstract

31 Naomi Klein, *This Changes Everything. Capitalism vs. Climate,* New York 2015, S. 386

32 https://www.whistleblower.org/program-areas/public-health/corexit

33 GAP Corexit Report Teil 3: https://www.whistleblower.org/sites/default/files/corexit_report_part3_2014.pdf S. 25

34 BP-Spot auf Youtube: https://www.youtube.com/watch?v=YMKKqXoJWYk

35 Oceana (Hrsg.), *Time for Action: Six Years After Deepwater Horizon,* April 2016; http://usa.oceana.org/publications/reports/time-action-six-years-after-deepwater-horizon?_ga=2.66800814.1421659104.1493983417-983566867.1493902409

36 Ben Raines, »BP buys up Gulf scientists for legal defense, roiling academic community«, *Alabama News*, 19. Juli 2010; http://blog.al.com/live/2010/07/bp_buys_up_gulf_scientists_for.html

37 Mark Pitzke, »BP-Zensoren verschleiern die Umweltkatastrophe«, *Spiegel Online*, 12. Juni 2010; http://www.spiegel.de/wissenschaft/natur/oelpest-im-golf-bp-zensoren-verschleiern-die-umweltkatastrophe-a-700128.html

38 Umfrage von ABC News und *Washington Post:* https://www.welt.de/politik/article7993900/Amerikaner-aendern-ihre-Meinung-zu-Oel-Bohrungen.html

39 Oceana 2015, S. 11

40 https://de.statista.com/statistik/daten/studie/29846/umfrage/umsatz entwicklung-von-bp-seit-dem-jahr-2003/

[41] Abraham Lustgarten, »BP had other problems in years leading to golf spill«, *Pro Publica*, 29. April 2010; https://www.propublica.org/article/bp-had-other-problems-in-years-leading-to-gulf-spill

[42] BP's Bob Dudley on Earning Back Trust and Building a Sustainable BP for the Future: https://www.youtube.com/watch?v=ZKEkL9oHFbg

III. MEHR KAUFEN UND MEER RETTEN?

[43] Kathrin Hartmann, »Grüne Märchen«, *Süddeutsche Zeitung*, 28. August 2015; http://www.sueddeutsche.de/leben/essay-gruene-maerchen-1.2622244

[44] Zu Pestizidvergiftungen siehe Pestice Action Network (PAN): http://www.pan-germany.org/deu/~news-1460.html/

[45] Stand Juli 2017

[46] Kampagne Saubere Kleidung, »H&M-Hohn für echten Existenzlohn: Statt nachprüfbarer Zahlen nur leere Nachhaltigkeitsversprechen«, 9. April 2015; http://www.saubere-kleidung.de/index.php/kampagnen-a-themen/living-wage/453-h-m-hohn-fuer-echten-existenzlohn-statt-nachpruefbarer-zahlen-nur-leere-nachhaltigkeitsversprechen

[47] Clean Clothes Campaign, *When »best« is far from good enough. Violations of workers' rights at four of H&M »best inclass« suppliers in Cambodia*, Oktober 2016; https://cleanclothes.org/resources/national-cccs/when-best-is-far-from-good-enough-violations-of-workers2019-rights-at-four-of-h-m-best-in-class-suppliers-in-cambodia

[48] Nils Klawitter, »Studie wirft H&M Kinderarbeit vor«, *Spiegel Online*, 6. Februar 2017; http://www.spiegel.de/wirtschaft/service/h-m-primark-takko-studie-wirft-modeketten-kinderarbeit-in-burma-vor-a-1133370.html

[49] Kampagne Saubere Kleidung, »Wieder ein entsetzlicher Brand in Textilfabrik in Bangladesch mit über 100 Toten«, 25. November 2011; http://www.saubere-kleidung.de/index.php/2-uncategorised/200-wieder-ein-entsetzlicher-brand-in-textilfabrik-in-bangladesch-mit-ueber-100-toten

[50] Kampagne Saubere Kleidung, »Unternehmen unterzeichnen endlich Brandschutzabkommen«, 14. Mai 2015; http://www.saubere-kleidung.de/index.php/kampagnen-a-themen/312-pm-unternehmen-unterzeichnen-brandschutzabkommen

51 Greenpeace (Hrsg.), *Konsumkollaps durch Fast Fashion*, Januar 2017;
    https://www.greenpeace.de/sites/www.greenpeace.de/files/publications/
    s01951_greenpeace_report_konsumkollaps_fast_fashion.pdf
52 Siehe Tanja Busse, *Die Wegwerfkuh. Wie unsere Landwirtschaft Tiere
    verheizt, Bauern ruiniert, Ressourcen verschwendet und was wir
    dagegen tun können*, München 2015
53 David Böcking, »Bahn predigen, Business fliegen«, *Spiegel Online*,
    12. November 2014; http://www.spiegel.de/wirtschaft/unternehmen/
    gruenen-waehler-halten-rekord-bei-flugreisen-a-1002376.html
54 Ulrich Brand, Markus Wissen, *Imperiale Lebensweise. Zur Ausbeutung
    von Mensch und Natur im globalen Kapitalismus*, München 2017
55 Laut Pro Asyl ertranken zwischen 2000 und 2014 23 000 Geflüchtete
    im Mittelmeer, laut UNHCR waren es seit 2014 mindestens 10 000.
    https://www.proasyl.de/news/neue-schaetzung-mindestens-23-000-
    tote-fluechtlinge-seit-dem-jahr-2000/, allein 2016 5 000: http://www.
    spiegel.de/panorama/fluechtlinge-im-mittelmeer-zahl-der-ertrunkenen-
    migranten-auf-rekordstand-a-1127373.htmlTheresa Leisgang,
    »Ein Statement«, Interview mit Nora Azzaoui und Vera Günther in
    Der Freitag, Ausgabe 17/17https://www.freitag.de/autoren/der-freitag/
    ein-statement
56 Vincent Halang, »Flüchtlingsboote zu Taschen«, *Enorm Magazin*
    Ausgabe 3/17; https://enorm-magazin.de/fluechtlingsboote-zu-taschen

IV. DAS SCHMIERENTHEATER

57 Shannon N. Koplitz, Loretta J. Mickley, Samuel Myers et. al., »Public
    health impacts of the severe haze in Equatorial Asia in September–
    October 2015: demonstration of a new framework for informing fire
    management strategies to reduce downwind smoke exposure«,
    Harvard University, Columbia University, 19. September 2016,
    http://iopscience.iop.org/article/10.1088/1748-9326/11/9/094023
58 Zur Waldzerstörung auf Borneo und Sumatra siehe u.a.:
    David L.A. Gaveau et.al., *Four Decades of Forest Persistence, Clearance
    and Logging on Borneo*, University of Massachusetts, 16. Juli 2014;
    http://journals.plos.org/plosone/article?id=10.1371/journal.
    pone.0101654 Greenpeace (Hrsg.), *Certifying Destruction. Why
    consumer companies need to go beyond the RSPO to stop forest
    destruction*, September 2013; http://www.greenpeace.org/international/

Global/international/publications/forests/2013/Indonesia/RSPO-Certifying-Destruction.pdf Greenpeace (Hrsg.), *Indonesia's Forests: Under Fire. Indonesia's fire crisis is a test of corporate commitment to forest protection,* 19. November 2015; https://www.greenpeace.de/ sites/www.greenpeace.de/files/publications/20151119_greenpeacereport_ underfire_indonesia.pdf Belinda Arunarwati Margono et. al., »Primary forest cover lost in Indonesia 2000–2012«,Natur Climate Change, 29. Juni 2014; http://umdrightnow.umd.edu/sites/umdrightnow.umd. edu/files/nclimate2277-aop_2.pdf

Melanie Pichler, *Umkämpfte Natur. Politische Ökologie der Palmöl- und Agrartreibstoffproduktion in Südostasien,* Münster 2014

59 Fritz Habekuß, »Was geht uns das an?«, *Die Zeit* 52/2015; http://www. zeit.de/2015/52/indonesien-borneo-umwelt-urwald-waldbrand

60 Quelle: Friends of the Earth, http://www.foe.org/news/archives/2015-10-borneo-in-fire

61 Oliver Pye, »Nachhaltige Profitmaximierung. Der Palmöl-Industrielle Komplex und die Debatte um ›nachhaltige Biotreibstoffe‹«, *Peripherie* Nr. 112, 28. Jg. 2008, S. 429 ff; http://www.zeitschrift-peripherie.de/ 112-04-Pye.pdf_

62 Christoph Hein, »Kommen bald die Klima-Flüchtlinge?«, *FAZ,* 20. November 2015; http://www.faz.net/aktuell/wirtschaft/agenda /klimawandel-wird-naechste-fluechtlingswelle-hervorbringen-13922196.html

63 Zum Zeitpunkt der GAPKI. Jetzt ist er Minister für Maritime Angelegenheiten

64 http://www.tobabara.com/en/company-overview/shareholder-profile.php

65 Siehe Anett Keller (Hrsg.), *Indonesien 1965 ff. Die Gegenwart eines Massenmordes. Ein politisches Lesebuch*, Berlin 2015

66 Mehr dazu beim Informationsdienst Tourismus und Entwicklung Tourism Watch von Brot für die Welt: https://www.tourism-watch.de/ en/node/2187

67 Stand Juni 2017

68 Update on the Endorsment of the RSPO Remediation and Compensation Procedures (RACP) vom Dezember 2015 (Stand Juni 2017): http://www. rspo.org/news-and-events/announcements/update-on-the-endorsement-of-the-rspo-remediation-and-compensation-procedures-racp

69 Arief Wijaya, Reidinar Juliane, Rizky Firmansyah and Octavia Payne, »6 Years After Moratorium, Satellite Data Shows Indonesia's Tropical

Forests Remain Threatened«, World Ressource Institute, 24. Mai 2017; http://www.wri-indonesia.org/en/blog/6-years-after-moratorium-satellite-data-shows-indonesia%E2%80%99s-tropical-forests-remain-threatened

70 Die Plantage der Firma wurde gerade vom TÜV-Rheinland inspiziert, um das RSPO-Siegel zu bekommen. Der TÜV Rheinland ist vom RSPO als Prüforganisation zugelassen. Unabhängig sind die Kontrollen nicht: die Palmölfirmen bezahlen das Privatunternehmen dafür. Zu den Kunden des TÜV Rheinland gehört auch Wilmar International, und viele NGOs werfen der Firma deshalb vor, Gefälligkeitsgutachten auszustellen. Siehe Hartmann, *Aus kontrolliertem Raubbau*, München 2015, S. 99 f.

71 Hartmann 2015, S. 89 ff.

72 International Labourrights Forum, Sawit Watch! (Hrsg.), *Empty Assurances: The human cost of palm oil*, Bogor/Washington 2013, http://www.laborrights.org/sites/default/files/publications-and-resources/Empty%20Assurances.pdf

73 Brot für die Welt (Hrsg.), »Der hohe Preis des Palmöls: Menschenrechtsverletzungen und Landkonflikte in Indonesien«; http://www.brot-fuer-die-welt.de/fileadmin/mediapool/2_Downloads/Fachinformationen/Aktuell/Aktuell_22_Palmoel.pdf

74 Oliver Pye, Ramlah Daud, Kartika Manurung und Saurlin Siagan, *ArbeiterInnen in der Palmölindustrie. Ausbeutung, Widerstand und transnationale Solidarität*, Stiftung Asienhaus, Köln 2016 https://www.asienhaus.de/uploads/tx_news/Arbeiter_in_der_Palmoelindustrie_-_Ausbeutung__Widerstand_und_transnationale_Solidaritaet.pdf

75 Amnesty International (Hrsg.), *The great Palmoil Scandal. Labour abuses behind big brand names*, 30. November 2016; https://www.amnestyusa.org/files/the_great_palm_oil_scandal_embargoed_until_30_nov.pdf

76 Vgl. Pichler 2014

77 Transport and Environment, »Cars and trucks burn almost half of palm oil used in Europe«, Mai 2016; https://www.transportenvironment.org/sites/te/files/publications/2016_05_TE_EU_vegetable_oil_biodiesel_market_FINAL_0_0.pdf

78 Aljosja Hooijer et. al., *PEAT-CO$_2$, Assessment of CO$_2$ emissions from drained peatlands in SE Asia*; Delft Hydraulics report Q3943 (2006); http://africa.wetlands.org/Portals/0/publications/General/Peat%20CO2%20report.pdf

79 Hugo Valin, Daan Peters, Maarten van den Berg et. al., *The land use change impact of biofuels consumed in the EU. Quantification of area*

and greenhouse gas impacts (GLOBIOM Report), Ecofys International institute for applied system analysis, E4tech, 27. August 2015; https://ec.europa.eu/energy/sites/ener/files/documents/Final%20Report_GLOBIOM_publication.pdf

[80] Fred Pearce, »Unilever plans to double its turnover while halving its environmental impact«, *The Telegraph,* 24. Juli 2017; http://www.telegraph.co.uk/news/earth/environment/10188164/Unilever-plans-to-double-its-turnover-while-halving-its-environmental-impact.html

[81] Zur Geschichte von Unilever und dessen historischer Verbindung zum Palmölboom siehe Hartmann 2105, S. 134ff

[82] https://www.unilever.de/ueberuns/wer-wir-sind/unilever-im-ueberblick/

[83] https://brightfuture.unilever.com/

[84] Greenpeace (Hrsg.), *Dirty Bankers. How HSBC is financing forest destruction for palmoil,* Januar 2017;http://www.greenpeace.org/international/Global/international/publications/forests/2017/Greenpeace_DirtyBankers_final.pdf

[85] UN Climate Summit New York Declaration on Forests, 23. September 2014;
http://www.un.org/climatechange/summit/wp-content/uploads/sites/2/2014/07/New-York-Declaration-on-Forest-%E2%80%93-Action-Statement-and-Action-Plan.pdf

[86] Rett A. Butler, »Wilmar Partner continues to destroy forest for palm oil«, *Mongabay,* 12.6.2014 http://news.mongabay.com/2014/0612-greenomics-kencana-agri-palm-oil.html
Greenomics, »As a strategic hareholder: ist this in line with Wilmar's No Deforestation Policy?, 11.6.2014 http://www.greenomics.org/docs/Findings_Wilmar%27s-No-Deforestation-Policy_%28LowRes%29.pdf

[87] Caring for Climate, Liste der Unterzeichner: http://caringforclimate.org/about/list-of-signatories/

[88] http://www.un.org/sustainabledevelopment/sdgadvocates/

[89] https://www.unilever.com/sustainable-living/our-approach-to-reporting/un-global-goals-for-sustainable-development/

[90] Siehe Palmoil Scorecard des WWF 2015: http://palmoilscorecard.panda.org/check-the-scores/manufacturers/unilever

[91] WWF International Finanzbericht: http://www.worldwildlife.org/about/financials

[92] WWF zur Zusammenarbeit mit Unternehmen: http://www.wwf.de/zusammenarbeit-mit-unternehmen/ Siehe auch: WWF-US Corporate

Engagement Report (2014): https://c402277.ssl.cf1.rackcdn.com/
publications/743/files/original/Corporate_Engagement_Report.pdf?
1428093258

93 http://www.wwf.de/themen-projekte/projektregionen/der-wwf-
    unterstuetzt-indigene-voelker/

94 *Indigene Völker und Naturschutz. Grundsatzerklärung des WWF,*
    S. 5 http://www.wwf.de/fileadmin/fm-wwf/Publikationen-PDF/
    WWF_und_Indigene_Voelker_deutsch.pdf

95 OECD-Beschwerde (Specific Instance) und Dokumentation des Falls:
    http://assets.survivalinternational.org/documents/1527/survival-
    internation-v-wwf-oecd-specific-instance.pdf

96 TED steht für Technology, Entertainment und Design. Auf solchen
    eventartigen Vorträgen und Konferenzen, die auch online übertragen
    werden, verzieren die Professoren und Experten ihre Power-Point-
    Vorträge mit großem technischen Aufwand. Siehe Corinna Budras.
    »Professoren als Popstars«, *FAZ* vom 15.2.2016 http://www.faz.
    net/aktuell/wirtschaft/ted-konferenzen-machen-wissenschaft-
    populaerer-14069016.html
    TED-Talk »How big brands can save biodiversity« von Jason Clay, Juli
    2010: https://www.ted.com/talks/jason_clay_how_big_brands_can_save_
    biodiversity?language=de

97 Das Institut Geomar legte entsprechende Studien 2012 und 2016 vor:
    Rainer Froese et.al., *Evaluation and Legal Assessment of Certified
    Seafood,* Marine Policiy Vol. 36, März 2012; http://oceanrep.geomar.
    de/14215/
    Rainer Froese et.al., *Assessment of MSC-certified fish stocks in the
    Northeast Atlantic,* Marine Policy Vol. 71, September 2016
    http://www.sciencedirect.com/science/article/pii/
    S0308597X16300082?via%3Dihub

98 Themenseite FSC-Siegel bei Rettet den Regenwald: https://www.
    regenwald.org/themen/tropenholz/fsc#start

99 »The WWF-World Bank Alliance Global Collaboration for Forest
    Conservation and Sustainable Use. Thoughts on Making It Work«,
    Arbeitspapier vom Oktober 1997, http://d2ouvy59p0dg6k.cloudfront.
    net/downloads/alliance.pdf

100 WWF (Hrsg.), *Auf der Ölspur. Berechnungen zu einer palmölfreien
    Welt,* Juli 2016; https://www.wwf.de/fileadmin/fm-wwf/Publikationen-
    PDF/WWF-Studie_Auf_der_OElspur.pdf

[101] Die Europäische Behörde für Lebensmittelsicherheit (EFSA) hat die Risiken von Glycidol-Fettsäureestern in verarbeiteten Lebensmitteln und Palmöl in der Studie *Risks for human health related to the presence of 3- and 2-monochloropropanediol (MCPD), and their fatty acid esters, and glycidyl fatty acid esters in food* im Mai 2016 untersucht und kommt zum Ergebnis, dass sie genotoxisch und karzinogen wirken können: http://www.efsa.europa.eu/de/press/news/160503a

[102] https://www.unilever.de/nachhaltigkeit/unilever-sustainable-living-plan/nachhaltige-beschaffung/palmoel.html

[103] Sara Westerhaus, »Meilensteine für den Schutz des Regenwaldes«, Greenpeace, 13. Februar 2014; http://www.greenpeace.de/themen/waelder/schutzgebiete/meilensteine-fuer-den-schutz-des-regenwaldes

[104] Torf

[105] »The POIG will demonstrate that by setting and implementing ambitious standards, the industry can in particular break the link between deforestation, and human, land and labour rights violations, and palm oil.« Palmoil Innovations Group Charta, 13. November 2013, S. 1 http://www.greenpeace.org/international/Global/international/photos/forests/2013/Indonesia%20Forests/POIG%20Charter%2013%20November%202013.pdf

[106] Beschreibung des Projekts: http://www.greenpeace.org/international/Global/international/code/2012/Forest_Solutions_2/goodoil.html

V. STAATLICHLICHES GREENWASHING

[107] Pressemitteilung der Bundesregierung zum Start von siegelklarheit.de: https://www.bundesregierung.de/Content/DE/Artikel/2015/06/2015-06-02-nachhaltigkeit-leuchtturmprojekt-2015.html

[108] Laut der Antwort einer Kleinen Anfrage der Grünen zu Nutzung, Kosten und geplanter Ausbau von Verbraucherinformationsportalen zur Förderung nachhaltigen Konsums: http://dip21.bundestag.de/dip21/btd/18/092/1809216.pdf

[109] Deutsche Bundesregierung (Hrsg.), *Deutsche Nachhaltigkeitstrategie*, Neuauflage 2016; http://qfc.de/wp-content/uploads/2017/02/Deutsche_Nachhaltigkeitsstrategie_Neuauflage_2016.pdf

[110] Laut der Organisation OECD Watch: https://www.oecdwatch.org/

[111] Germanwatch, Misereor (Hrsg.), *Globales Wirtschaften und Menschen-rechte – Deutschland auf dem Prüfstand*, Berlin/Bonn 2014, S. 111 ff https://germanwatch.org/de/download/8864.pdf

[112] Siehe Hartmann, *Aus kontrolliertem Raubbau*, 2015, S. 117 ff. sowie Rettet den Regenwald, »Palmölfirma Asiatic Persada. 3 Jahrzehnte Landraub, Vertreibung, Menschenrechtsverletzungen, Gewalt und Mord. Eine Chronologie«, April 2014; https://www.regenwald.org/files/de/Chronic-Asiatic-Persada.pdf

[113] Antwort von Günther Bachmann, Vorsitzender der Jury des Deutschen Nachhaltigkeitspreises, an die NGOs Rettet den Regenwald und Robin Wood: https://www.nachhaltigkeitspreis.de/app/uploads/2014/03/20120029-Bachmann_Antwort_Nominierung-DNP.pdf

[114] Übersetzt: Keine Entwaldung. Kein Torf. Keine Ausbeutung. https://www.kakaoforum.de/ueber-uns/unsere-ziele/

[115] Cocoa Barometer 2015, deutsche Fassung: https://www.inkota.de/aktuell/news/vom/24/juni/2015/trotz-zuwachs-bei-zertifizierter-schokolade-kakaobauern-leben-weiter-in-extremer-armut/

[116] Aktionsplan Textilbündnis 2014: https://www.textilbuendnis.com/images/pdf/20082015/de/Aktionsplan_Buendnis_fuernachhaltige_Textilien_mit%20Annex_Stand_09-10-2014.pdf

[117] Kristina Ludwig, Simone Salden, »Weichspüler«, *Der Spiegel* 23/2015, http://www.spiegel.de/spiegel/print/d-135214442.html

[118] Ebd.

[119] Aktionsplan Textilbündnis 2015: https://www.textilbuendnis.com/images/pdf/20082015/de/150820_Aktionsplan_2015_Bearbeitung_SK_Sitzung_HinweisAnnexeAP1_final.pdf

[120] Veröffentlicht von der Christlichen Initiative Romero http://www.ci-romero.de/textilbuendnis/

[121] The Rana Plaza Donors Trust Fund: http://ranaplaza-arrangement.org/fund

[122] Thomas Seibert, »Die Opfer als Bittsteller«, *Medico-Blog*, 16. Juni 2015; https://www.medico.de/blog/die-opfer-als-bittsteller-16610/

[123] The Bangladesh Accord on Fire in Bangladesh: http://bangladeshaccord.org/wp-content/uploads/2013/10/the_accord.pdf Der neue Accord Bangladesh tritt 2018 in Kraft: http://bangladeshaccord.org/2017/06/press-release-new-accord-2018/#more-5447

[124] Stand Juni 2017 http://bangladeshaccord.org/progress/

[125] New York Stern Center for Business and Human Rights (Hrsg.), *Beyond the tip of the Iceberg: Bangladesh's forgotten Apparel Workers*,

Juni 2015, http://people.stern.nyu.edu/twadhwa/bangladesh/downloads/beyond_the_tip_of_the_iceberg_report.pdf

[126] »Rana Plaza collapse: 38 charged with murder over garment factory disaster«, *The Guardian*, 18. Juli 2016; https://www.theguardian.com/world/2016/jul/18/rana-plaza-collapse-murder-charges-garment-factory

[127] Gisela Burckhardt, Jeroen Merk, »Sozialaudits – was bringen sie Näherinnen in Sweatshops?« in Burckhardt (Hrsg.), *Mythos CSR. Unternehmensverantwortung und Globalisierungslücken*, Bonn 211, S. 119 f.

[128] Zum Beschwerde gegen den TÜV Rheinland beim European Center for Constitutional and Human Rights (ECCHR): https://www.ecchr.eu/de/unsere-themen/wirtschaft-und-menschenrechte/arbeitsbedingungen-in-suedasien/bangladesch-tuev-rheinland.html

[129] Menno T. Kamminga, »Company Responses to Human Rights Reports: An Empirical Analysis«, *Business and Human Rights Journal*, Vol. 1, Issue 1, Juni 2016; https://papers.ssrn.com/sol3/papers.cfm?abstract_id=2559255

[130] Dazu, wie Investitionsschutz- und Freihandelsabkommen sowie Schiedsgerichten die Demokratie aushebeln, gibt es mittlerweile viele Publikationen. Eine Auswahl zum Weiterlesen: Bode, Thilo, *Die Freihandelslüge. Warum TTIP nur den Konzernen nützt – und uns allen schadet*, Berlin 2015
Ilja Braun, (Hrsg. Ros Luxemburg Stiftung), *Zweierlei Maß. Investitionsschutz ist leicht durchsetzbar, Menschenrechte sind es nicht*, Berlin 2014
http://www.rosalux.eu/fileadmin/user_upload/iija_braun_final.pdf
Pia Eberhardt, (Hrg. Friedrich Ebert Stiftung), »Investitionsschutz am Scheideweg. TTIP und die Zukunft des globalen Investitionsrechts«, Berlin 2014 http://library.fes.de/pdf-files/iez/global/10773-20140603.pdf
Kathrin Hartmann, (Hrsg. Forum Umwelt und Entwicklung, Medico International), *Recht auf Profit? Wie Investitionsschutz und Freihandelsabkommen Armut, Hunger und Krankheit fördern*, Berlin/Frankfurt 2016 https://www.medico.de/material/shop/section/products_detail/gesundheit/recht-auf-profit/
Nicola Jaeger, (Hrsg. Powershift), *Alles für uns!? Der globale Einfluss der Europäischen Handels- und Investitionspolitik auf Rohstoffausbeutung*, Berlin 2015 https://power-shift.de/wordpress/wp-content/uploads/2016/02/Alles-f%C3%BCr-uns_webversion.pdf
Franz Kotteder, *Der große Ausverkauf. Wie die Ideologie des freien Handels die Demokratie gefährdet*, München 2015

Werner Rätz, et. al. (Hrsg. Attac), *CETA, TTIP, TiSA – Die wirklich falschen Freunde*, Berlin 2015 http://www.attac.de/fileadmin/user_upload/Kampagnen/ttip/Attac_TISA-Broschuere.pdf

Yash Tandon, *Freihandel ist Krieg. Nur eine neue Wirtschaftsordnung kann die Flüchtlingsströme stoppen*, Köln 2016

[131] Beispiele siehe u.a. Braun 2014, Eberhardt 2014, Jaeger 2015 und Hartmann 2016

[132] United Nations Conference on Trade and Developement (Unctad), »Investor-State Dispute Settlement: Review of Developement 2015«, Juni 2016; http://unctad.org/en/PublicationsLibrary/webdiaepcb 2016d4_en.pdf

[133] Zum Entwicklungsprozess des Nationalen Aktionsplans Wirtschaft und Menschenrechte siehe Germanwatch, Misereor (Hrsg.), *Globale Energiewirtschaft und Menschenrechte. Deutsche Unternehmen und Politik auf dem Prüfstand*, Aachen/Berlin/Bonn 2017; https://germanwatch.org/de/download/18577.pdf

[134] *Monitor*, ARD, 8.9.2016, Christin Gottler, Andreas Maus, »Lobbyismus auf Regierungsebene: Profit statt Menschenrechte« http://www1.wdr.de/daserste/monitor/sendungen/lobbyismus-104.html

[135] Dieser wurde in einem Spitzengespräch des damaligen Außenministers Frank-Walter Steinmeier und des Kanzleramtschefs Peter Altmaier mit Abgeordneten von CDU und SPD herbeigeführt.

[136] Die versprochene Konsultation der Öffentlichkeit fand nie statt. NGOs kritisieren, dass im Nationalen Aktionsplan Wirtschaft und Menschenrechte fälschlicherweise behauptet wird, dass es sie gegeben hätte.

[137] Ein detailliertes Rechtsgutachten, wie die unternehmerischen Sorgfaltspflichten in Deutschland gesetzlich verankert werden können, haben die Juristen Remo Klinger, Markus Krajewski, David Krebs und Constantin Hartmann im Auftrag von Amnesty International, Brot für die Welt, Germanwatch und Oxfam erstellt: https://germanwatch.org/de/download/14745.pdf

[138] Oxfam (Hrsg.) *Süße Früchte, bittere Wahrheit. Die Mitverantwortung deutscher Supermärkte für menschenunwürdige Zustände in der Ananas- und Bananenproduktion in Costa Rica und Ecuador*, Berlin 2016 https://www.oxfam.de/system/files/20150530-oxfam-suesse-fruechte-bittere-wahrheit.pdf

Kampagne Saubere Kleidung (Hrsg.), *Wer bezahlt unsere Kleidung bei Lidl und KiK? Eine Studie über die Einkaufspraktiken der Discounter*

Lidl und KiK und ihre Auswirkungen auf die Arbeitsbedingungen bei den Lieferanten in Bangladesch, 2008, http://www.saubereidung.de/downloads/publikationen/2008-01_Brosch-Lidl-KiK_de.pdf

[139] EU Conflict Minerals Regulation: http://ec.europa.eu/trade/policy/infocus/conflict-minerals-regulation/

[140] Powershift (Hrsg.), *Ressourcenfluch 4.0. Die sozialen und ökologischen Auswirkungen von Industrie 4.0 auf den Rohstoffsektor*, Berlin 2017; https://power-shift.de/wordpress/wp-content/uploads/2017/02/ressourcenfluch40-titel.jpg

[141] Bernd Freytag, »Der Weg zum Elektroauto führt über den Kongo«, *FAZ* vom 17. Juli 2017; http://www.faz.net/aktuell/wirtschaft/unternehmen/die-batterie-entscheidet-ueber-das-e-auto-kommentar-15109179.html

[142] Manuel Schumann, »Dieses Spiel ist saugefährlich«, Interview mit Harald Welzer in *Der Freitag*, Ausgabe 23/017; https://www.freitag.de/autoren/der-freitag/dieses-spiel-ist-saugefaehrlich

[143] Powershift 2017

VI. FLEISCH UND BLUT

[144] SAN-Standards der Rainforest Alliance: https://dl.dropboxusercontent.com/u/585326/2017SAN/Certification%20Documents/SAN-S-SP-1-V1.2%20SAN %20Sustainable%20 Agriculture%20Standard%20July%202017.pdf

[145] »Cargill and Bunge face escalating pressure to clean up supply chain«, Mighty Earth, 13. März 2017; http://www.mightyearth.org/cargill-and-bunge-face-escalating-pressure-to-clean-up-supply-chain/

[146] Food and Agriculture Organisation (FAO) of the Unitend Nations, *World agriculture: towards 2015/2030. A FAO perspective*; http://www.fao.org/docrep/005/y4252e/y4252e05b.htm#TopOfPage

[147] Zur Waldzerstörung in Brasilien für Viehweiden und Sojamonokulturen siehe:
Greenpeace (Hrsg.), *Wie Rinder den Regenwald fressen. Mato Grosso in Amazonien, ein Gebiet der Zerstörung*, 2009; https://www.greenpeace.de/sites/www.greenpeace.de/files/wie_rinder_den_regenwald_fressen_0.pdf Greenpeace (Hrsg.), *Slaughtering the Amazon*, 2009; http://www.greenpeace.org/international/en/publications/reports/slaughtering-the-amazon/

BUND, Heinrich Böll Stiftung, Le Monde Diplomatique (Hrsg.), *Fleischatlas* 2013, S. 42 f.

Weltagrarbericht, *Wege aus der Hungerkrise*, S. 10 ff; http://www.weltagrarbericht.de/fileadmin/files/weltagrarbericht/Neuauflage/WegeausderHungerkrise_klein.pdf WWF (Hrsg.),
Fleisch frisst Land, 2014; https://www.wwf.de/fileadmin/fm-wwf/Publikationen-PDF/WWF_Fleischkonsum_web.pdf

[148] Greenpeace, »Das neue Waldgesetz in Brasilien – was illegal war wird jetzt legal«, Diskussionspapier 2011; https://www.greenpeace.de/sites/www.greenpeace.de/files/Waldgesetz__Codigo_Florestal__2011_0.pdf

[149] Jutta Kill, »Brasilien: Naturschutz mit Zertifikaten?«, 11. Januar 2013 https://www.boell.de/en/node/276974

[150] Sampaio arbeitet heute für die Regionalregierung des Bundestaates Mato Grosso.

[151] Ausgang des Schmiergeldskandals und eine mögliche Amtsenthebung Michel Termers wurden während der Arbeit am Buch aktuell diskutiert: http://www.tagesspiegel.de/wirtschaft/schmiergeldskandal-fleischbarone-stuerzen-brasilien-ins-chaos/19858562.html

[152] http://www.tagesspiegel.de/wirtschaft/brasilien-fleischskandal-koennte-auch-eu-betreffen/19539882.html

[153] Rabobank, *Beefing up in Brazil: Feedlots to Drive Industry Growth*, Oktober 2014 https://www.rabobank.com/en/press/search/2014/20141017-Rabobank-Rapid-intensification-of-Brazilian-beef-production-to-continue.html

[154] Melanie Warner, »Why greener beef will mean less grass, more feedlots«, CBS Moneywatch, 8. Novemner 2010; http://www.cbsnews.com/news/why-greener-beef-will-mean-less-grass-more-feedlots/

[155] Marian Swain, »Is Feedlot beef better for the environment?« Interview mit Judith Capper, 28. Mai 2015; https://thebreakthrough.org/index.php/issues/food-and-farming/is-feedlot-beef-better-for-the-environment

[156] Ein wichtiges Buch zu diesem Thema hat Hilal Sezgin geschrieben: *Artgerecht ist nur die Freiheit. Eine Ethik für Tiere oder Warum wir umdenken müssen*, München 2014

[157] https://bovidiva.com/2016/03/23/seeing-the-bigger-picture-why-the-one-dimensional-panacea-does-not-solve-sustainability-issues/

[158] Stand Juni 2017: http://www.responsiblesoy.org/about-rtrs/members/?nombre&busca=busca&pais&categoria&lang=en

[159] Thomas Kastner et. al., *Global changes in diets and the consequences for land requirements for food*, Arizona State University, März 2012; http://www.pnas.org/content/109/18/6868 Emily Cassidy et.al., *Redefining agricultural yields: from tonnes to people nourished per hectare, Environmental Research Letters*, Vol. 8, Nr. 3, August 2013; http://iopscience.iop.org/article/10.1088/1748-9326/8/3/034015/meta

[160] Judith Capper, *The environmental impact of beef production in the United States: 1977 compared with 2007*, Washington State University 2014, https://www.animalsciencepublications.org/publications/jas/articles/89/12/4249?highlight=&search-result=1

[161] https://www.iatp.org/sites/default/files/FINAL_Sign_on_letter_to_GRSB_6.pdf

[162] »Ein Leben an der Straße«, *Zeit Online*, 21. September 2013; http://www.zeit.de/gesellschaft/2013-09/fs-brasilien-guarani-kaiowa-2

[163] Zur Situation der Guarani-Kaiowá in Brasilien siehe: Conselho Indigenista Missionário (CiMi) und Food First Action Network (FIAN) Brasil (Hrsg.), *The Guarani and Kaiowá Peoples' Human Right to Adequate Food and Nutrition – a holistic approach*, 2016; http://www.ohchr.org/Documents/Issues/IPeoples/EMRIP/Health/FIAN.pdf FIAN, »Brasilien: Der Kampf der Guarani-Kaiowá um Land und Würde«, Factsheet, Juni 2016; http://www.fian.de/fileadmin/user_upload/dokumente/shop/Fallarbeit/2016-1_FS_Guarani_final_screen.pdf

[164] Greenpeace (Hrsg.), *JBS Scorecard – Failed. How the biggest meat company is still slaughtering the Amazon*, Juni 2012, S. 4; http://www.greenpeace.de/files/JBSScorecard-neu_0.pdf

[165] Sarah Shenker, »Coca Cola in Landkonflikt in Brasilien hineingezogen«, Survival International, 16. Dezember 2013; http://www.survivalinternational.de/nachrichten/9819

[166] Jost Maurin, »Keine Kohle für die Guarani«, *taz*, 19. November 2015; http://www.taz.de/!5250040/

[167] Conselho Indigenista Missionário (Cimi)/Food First Action Network (FIAN) 2016

[168] Conselho Indigenista Missionário (Cimi), *Violence against the Indigenous Peoples in Brazil – Data for 2015*; http://www.cimi.org.br/pub/relatorio2015/Report-Violence-against-the-Indigenous-Peoples-in-Brazil_2015_Cimi.pdf

[169] Victoria Tauli-Corpuz, *Report of the Special Rapporteur on the rights of indigenous peoples on her mission to Brazil*, United Nations

General Assembly, Human Rights Council, 8, August 2016; http://
unsr.vtaulicorpuz.org/site/index.php/documents/country-reports/154-
report-brazil-2016

[170] Heinrich Böll Stiftung, IAAS Potsdam, BUND (Hrsg.) *Bodenatlas. Daten und Fakten über Acker, Land und Erde*, Berlin 2015, S. 24 f.

[171] Wie die Menschen in Bangladesch unmittelbar von diesem importierten Landraub betroffen sind, habe ich in meinem Buch *Aus kontrolliertem Raubbau* (2015), S. 199 ff, in einer Reportage aus dem Südwesten des Landes beschrieben. Weil dort in riesigen Aquakulturen Garnelen für Export nach u.a. Europa gezüchtet werden, anstatt das Ackerland zur heimischen Nahrungsmittelproduktion zu nutzen, haben sich Armut, Hunger und Mangelernährung vergrößert; mehr als hunderttausend Menschen mussten den Wasserbecken weichen.

[172] Heinrich Böll Stiftung, IAAS Potsdam, BUND 2015, S. 24 f.

[173] Statistisches Bundesamt (Hrsg.), *Flächenbelegung von Ernährungsgütern*, Wiesbaden 2010; https://www.destatis.de/DE/Publikationen/Thematisch/UmweltoekonomischeGesamtrechnungen/Fachbericht Flaechenbelegung5385101109004.pdf?__blob=publicationFile

[174] Bundesministerium für Landwirtschaft und Ernährung,(Hrsg.), *Landwirtschaft verstehen. Daten und Hintergründe*, Berlin 2016; http://www.bmel.de/SharedDocs/Downloads/Broschueren/Landwirtschaft-verstehen.pdf?__blob=publicationFile

[175] Dass Oziel Gabriel von einer Polizeikugel getroffen wurde, kam laut Amnesty International erst drei Jahre später bei einer Untersuchung der Bundesanwaltschaft heraus: Amnesty International, *Report Brasilien 2017*, https://www.amnesty.de/jahresbericht/2017/brasilien

VII. ALLES, WAS GERECHT IST!

[176] Jan Schmidbauer, Vivien Timmlen, »Deutsche Kraftwerke gehören zu den schädlichsten in ganz Europa«, *Süddeutsche Zeitung*, 1, April 2016; http://www.sueddeutsche.de/wirtschaft/studie-deutsche-kraftwerke-gehoeren-zu-den-schmutzigsten-in-ganz-europa-1.2930237

[177] »Klimaschutz in Deutschland – CO_2-Jahresbudget schon aufgebraucht«, *ARD Tagesthemen*, 8. April 2014; https://www.tagesschau.de/inland/deutschland-emissionen-101.html

[178] Statistisches Bundesamt, *Höhe der CO_2-Emissionen in Deutschland in den Jahren 1990 bis 2015 (in Millionen Tonnen)*; https://de.statista.

com/statistik/daten/studie/2275/umfrage/hoehe-der-co2-emissionen-in-deutschland-seit-1990/

[179] Alexandra Endres, »Das Märchen vom deutschen Klimaschutz«, *Zeit Online*, 8. Juli 2017; http://www.zeit.de/politik/2017-07/g20-gipfel-donald-trump-klima-angela-merkel-braunkohle

[180] Marcel Keiffenheim, »Die Recht-Schaffende«, *Greenpeace Magazin*, Ausgabe 1.08; https://www.greenpeace-magazin.de/die-recht-schaffende

[181] Homepage von Climate Justice: http://climatejustice.org.au/

[182] In einem Interview mit dem *Spiegel* (Ausgabe 49/2007) wurde Grossmann anlässlich des beschlossenen Atomausstiegs gefragt: »Bis dahin müssen einige ihrer älteren Atommeiler wie etwa Biblis bereits abgeschaltet sein. Wollen Sie das noch verhindern?« Seine Antwort: »Nein, müssen wir auch gar nicht. Wir können den Reaktor in Biblis so fahren, dass wir mit den Restlaufzeiten über die nächste Bundestagswahl kommen. Und dann gibt es vielleicht ein anderes Denken in Bevölkerung und Regierung.« http://www.spiegel.de/spiegel/print/d-54154577.html

[183] Institut für Ökologische Wirtschaftsforschung, Greenpeace (Hrsg.), *Investitionen der vier großen Energiekonzerne in Erneuerbare Energien*, Juli 2011; https://www.greenpeace.de/sites/www.greenpeace.de/files/FS-EVU-Studie_0.pdf

[184] Dirk Niebel, »Dschungel statt Öl?«, *taz*, 23. Septemner 2009; http://www.taz.de/Debatte-Klimaschutz/!5111287/

[185] Statistisches Bundesamt, *Erdölverbrauch weltweit in den Jahren 1965 bis 2016 (in 1 000 Barrel pro Tag)*; https://de.statista.com/statistik/daten/studie/40384/umfrage/welt-insgesamt---erdoelverbrauch-in-tausend-barrel-pro-tag/

[186] Kathrin Hartmann, »Entwicklung ist eine Fata Morgana«, Interview mit Alberto Acosta, *Oxi-Blog*, 17. Mai 2017 https://oxiblog.de/entwicklung-ist-eine-fata-morgana/

[187] Ausführlich in Alberto Acosta, *Buen Vivir. Von Recht auf ein gutes Leben*, München 2016

[188] Auf eine kleine Anfrage der Grünen antwortete die Bundesregierung, dass die Gesamtmenge der in Deutschland ausgebrachten Pflanzenschutz-mittel zwischen 2009 und 2015 um rund 4600 auf 34700 Tonnen gestiegen ist http://dip21.bundestag.de/dip21/btd/18/097/1809766.pdf

[189] Bürgerinititiave gegen Ökozid: https://www.endecocide.org/de/sign/

Personenregister